Jean Guézennec

Bactéries marines et biotechnologies

Éditions Quæ

Collection *Carnets de sciences*

Nos abeilles en péril
Vincent Albouy, Yves Le Conte
2014, 192 p.

Étonnantes plantes de montagne
François Couplan
2013, 160 p.

Quel avenir pour le cerf, le chevreuil et le sanglier ?
Roger Fichant
2013, 176 p.

Le désert source de vies
Joël Lodé
2012, 192 p.

Biofilms, quand les microbes s'organisent
Romain Briandet, Lise Fechner, Murielle Naïtali, Catherine Dreanno
2012, 176 p.

Bonnes bactéries et bonne santé
Gérard Corthier
2011, 128 p.

Éditions Quæ
RD 10
78026 Versailles Cedex, France
www.quae.com

ISBN : 978-2-7592-2144-8
ISSN : 2110-2228

SOMMAIRE

Préface

Le monde marin était connu de beaucoup comme étant le « Monde du silence ». L'ouvrage préparé par Jean Guézennec montre qu'il est également, et surtout, le monde de l'infiniment petit vivant, le monde des bactéries marines.

Avec passion et avec le souci constant de mettre sa prodigieuse connaissance au service du plus grand nombre, l'auteur nous décrit le gisement extraordinaire de diversité et de découvertes que constitue cette composante du monde microbien. Il montre et souligne la contribution majeure que peut constituer la collecte et la caractérisation des bactéries marines au développement d'applications concernant des domaines aussi variés que ceux de la santé, de la chimie, des matériaux... Bien que n'ayant fait l'objet que d'efforts finalement assez limités, c'est là que pointe toute la frustration de l'auteur, les travaux conduits sur ces bactéries n'en ont pas moins permis de caractériser, d'ores et déjà, de nombreux biopolymères (exopolysaccharides, polyhydroxyalcanoates...), des molécules bioactives, des organismes totalement originaux... La quantité d'énergie et de motivation nécessaires pour transformer ces résultats de recherche en produits commercialisés est particulièrement soulignée. Qui dit application du vivant et/ou de ses constituants dit « biotechnologie ». Celles provenant du monde marin ont reçu le qualificatif de « biotechnologies bleues », en hommage à cette merveilleuse couleur que sait prendre la mer pour nous charmer.

Il est évident que l'effort ne doit pas se relâcher pour augmenter la connaissance du monde microbien marin. La contribution à la découverte d'une nouvelle famille de microorganismes à partir des sources hydrothermales profondes, les Archées, qui peuvent se développer jusqu'à des températures de 110 °C, est tout à fait remarquable.

À la lecture de l'ouvrage, il est clair que la diversité des biotopes existants, associée au développement de nouvelles méthodologies performantes, et notamment les approches métagénomiques basées sur l'extraction de l'ADN, ne peut que déboucher sur de fantastiques découvertes et de nombreuses innovations. Il n'en demeure pas moins aléatoire de trouver la molécule ou le polymère candidat à un développement industriel. Ce n'est surtout pas une raison pour baisser les bras !

La recherche est riche en surprises pour ceux qui y croient, elle permet souvent de trouver ce que l'on ne cherchait pas ! C'est la définition de la sérendipité. Mais, comme l'écrivait J.H. Comaer, n'est-ce pas en cherchant l'aiguille dans la botte de foin que l'on rencontre la fille (ou le fils !) du fermier ?

Pierre Monsan

Directeur de *Toulouse White Biotechnology*

Professeur Mines ParisTech, professeur émérite INSA, université de Toulouse,

Membre fondateur de l'Académie des technologies

Remerciements

Ayant passé toute ma jeunesse au bord de la mer, elle m'a toujours fasciné par son immensité, sa beauté et ses couleurs changeantes, parfois aussi par ses colères. Pour peu que l'on prenne le temps de mieux la connaître et de s'intéresser à sa biodiversité, elle peut aussi devenir un formidable champ de recherches et d'investigations, notamment dans le domaine des biotechnologies marines. Cette biodiversité est porteuse de beaucoup d'attentes et d'espoirs s'agissant notamment de nouveaux principes actifs. Que dire alors lorsqu'il s'agit d'étudier « le presque invisible », les microorganismes, dont ceux associés à des écosystèmes que l'on qualifiera, pour certains d'entre eux, d'extrêmes et pour d'autres, d'atypiques.

Imaginer que l'on pourrait identifier, dans ces environnements, des molécules originales et intéressantes concernant leurs applications dans les secteurs des biotechnologies : un challenge certes, mais quel challenge et surtout quelle chance de pouvoir y travailler. Je souhaite remercier toutes les personnes avec lesquelles j'ai eu la chance de partager cette passion des biotechnologies bleues et qui, pour certaines d'entre elles, m'ont accompagné pendant de nombreuses années.

Je voudrais particulièrement remercier Gérard Raguénes, Christelle Simon-Colin, Joël Quérellou, Sylvia Colliec-Jouault, Éric Deslandes, Lionel Lemoine, Marc Mittelman, et David C. White. David m'a enseigné et transmis cette passion de la recherche et je lui en suis profondément reconnaissant.

Je souhaite également remercier ceux qui m'ont fait part de leurs remarques et commentaires sur certains chapitres de l'ouvrage, Bernard Guillou, Yannick Guéguen et Michel Magot ainsi que ceux qui ont mis à ma disposition leurs photos personnelles, Xavier Moppert, Elefthérios Chalkiadakis, Yves-Marie Corre, Xavier Sprungli, Barbara Nicolaus, Manfred Zinn, Pauline Bosserelle, Fabien Michenet, Françoise Monniot, et Cécile Debitus.

L'iconographie a largement bénéficié de la mise à disposition gracieuse par Danièle Lemercier de l'exceptionnelle photothèque de l'Ifremer, avec l'accord de la directrice de l'information scientifique, de la communication, de la médiation et des relations institutionnelles, Pascale Pessey-Martineau.

Enfin, je tiens également à remercier Nelly Courtay de m'avoir incité à rédiger ce livre – un autre challenge pour moi ! – pour sa patience, sa compétence, ses conseils avisés et son aide précieuse dans son montage.

Avant-propos

Cet ouvrage n'a pas d'autres prétentions que de rendre compte de quelques opportunités offertes par la composante bactérienne du milieu marin en termes de développements biotechnologiques. Cette composante invisible sera très probablement la source de découvertes de molécules innovantes dans les toutes prochaines années, et ce notamment, grâce à une meilleure connaissance de la biodiversité liée à l'utilisation d'outils moléculaires de plus en plus performants et à la maîtrise des technologies de fermentation. Mais pour qu'il y ait développement, il faut qu'il y ait une demande. Cette demande existe dans pratiquement tous les secteurs industriels, en premier lieu, celui de la santé avec la recherche de nouveaux médicaments que l'on pourrait alors qualifier de biomédicaments de la mer.

Cet ouvrage évoque aussi les premiers résultats obtenus à ce jour à partir des microorganismes issus d'écosystèmes atypiques *i.e.* présentant des caractéristiques physico-chimiques particulières. Il se réfère à des données connues au moment de la rédaction de ce livre. Cette recherche n'en est qu'à ses balbutiements, elle s'enrichit régulièrement de nouvelles découvertes. Des molécules sont isolées sans pour autant qu'elles soient associées systématiquement à un développement industriel. Le temps est parfois long, surtout dans le domaine des molécules bioactives, entre la découverte de l'activité et son exploitation dans le domaine industriel.

L'observation de la nature et de son fonctionnement doit être source d'inspirations. Elle nous renseigne sur les formes de stratégie mises en place par les organismes vivants pour survivre ou s'adapter à leur environnement. Les microorganismes n'échappent pas à la règle et ont développé, au cours du temps, des moyens de lutte pour survivre dans un milieu parfois défavorable, voire hostile. Ces moyens de lutte passent par de nouvelles voies métaboliques, la production de molécules tels les métabolites secondaires, ou encore celle de biopolymères qui pourraient trouver des applications dans de nombreux secteurs industriels.

Malgré une nécessaire prudence quant à la réalité économique de certaines découvertes, ce livre aborde quelques opportunités. Il se veut résolument optimiste quant à l'exploitation de cette composante microbienne encore mal connue.

Bord de mer de Nouvelle-Calédonie

Biotechnologies
qui êtes-vous ?

Biotechnologies : qui êtes-vous ?

La mer est un immense désert où l'homme n'est jamais seul
car il sent frémir la vie à ses côtés
Jules Verne

La mer nourrit mais la mer peut également soigner et guérir. Poissons, micro- et macroalgues, crustacés, éponges, coraux… autant de sources marines pour des molécules isolées, caractérisées et déjà utilisées, que ce soit dans le domaine de l'agroalimentaire, de la cosmétique que celui de la santé. Ce chapitre aborde quelques exemples de ces molécules de la mer et de leurs applications.

L'OCDE (Organisation de coopération et de développement économiques) a défini en 2005, les biotechnologies comme étant « l'application de la science et de la technologie aux organismes vivants, à d'autres matériaux vivants ou non vivants, pour la production de savoirs, biens et services ».

Les biotechnologies sont un champ d'investigation multidisciplinaire. Elles résultent d'un mariage entre la science des êtres vivants – la biologie – et un ensemble de techniques nouvelles issues d'autres disciplines, telles que la microbiologie, la biochimie, la chimie, la physico-chimie, l'ingénierie, la génétique, la biologie moléculaire, la bioinformatique…

Dans un effort de simplification didactique et de rationalisation, il a été proposé de classer les biotechnologies selon cinq couleurs.

Page précédente
L'envol des biotechnologies marines

Importance des produits naturels marins en biotechnologie

Les océans sont une richesse inestimable pour l'homme, ils lui procurent nourriture, énergie et eau. Ils sont le gagne-pain de millions de personnes à travers le monde. Enfin, ils offrent les principales voies de circulation autour de notre planète et participent, de manière considérable, à l'équilibre de son climat.

Si l'homme interagit avec le milieu terrestre et les plantes depuis près de 3 000 ans, la connaissance du milieu marin, dans sa globalité, est beaucoup plus récente. Le développement de l'exploration *in situ* du milieu profond ne date réellement que des années 1940 ! N'oublions pas que ce seul domaine abyssal est le plus grand écosystème de notre planète puisqu'il s'étend depuis le talus continental (profondeurs comprises entre 100 et 200 mètres) jusqu'aux plus grandes profondeurs de l'océan avec 11 020 mètres de profondeur dans la fosse des Mariannes (nord-ouest de l'océan Pacifique). Il couvre les deux tiers de la surface du globe et représente, en volume, 62 % de la biosphère. Le milieu marin est également un milieu bien spécifique de par sa chimie. Outre des teneurs variables en sels, les eaux marines sont riches en halogènes avec le chlore comme élément dominant, le brome, l'iode et le fluor mais elles sont également riches en sulfates. Ces caractéristiques chimiques peuvent conditionner les équipements enzymatiques de nombreux macro- et microorganismes et se retrouver dans la composition chimique d'un grand nombre de substances naturelles synthétisées par ces organismes.

Contrairement au milieu terrestre, les organismes marins ont une très large distribution géographique. Ils ont dû s'adapter aux différentes conditions écologiques rencontrées. Schématiquement, ils se répartissent entre le pelagos – organismes vivant dans la colonne d'eau (plancton, poissons, méduses...) – et le benthos – organismes vivant sur le fond – fixés comme les algues ou les coraux, ou libres, comme les crustacés, mollusques ou autres échinodermes. Ces organismes benthiques vivent souvent en fortes interactions et, du fait de

Les termes en bleu sont définis dans le glossaire en fin d'ouvrage.

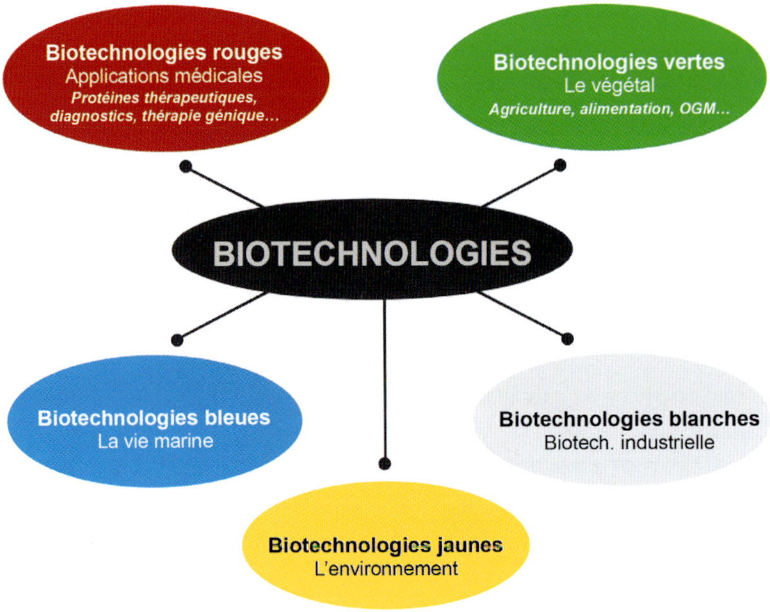

Les cinq couleurs des biotechnologies

- Les **biotechnologies rouges** concernent le secteur de la santé et, notamment, la recherche et le développement de nouvelles molécules dites bioactives.
- Les **biotechnologies vertes** (agriculture, alimentation...) regroupent également les transgenèses végétales (OGM) sur lesquelles se focalisent les réticences envers des risques de dissémination non contrôlée de gènes.
- Les **biotechnologies blanches** proposent, dans des conditions en milieu confiné (et donc sans risques de dissémination), l'utilisation d'organismes génétiquement modifiés ou non, ou encore d'**enzymes**, pour la production de composés d'intérêt.
- Les **biotechnologies jaunes** rassemblent toutes les biotechnologies se rapportant à la préservation et à la protection de l'environnement et au traitement, ou à l'élimination, des pollutions (ex : **bioremédiation**, biodétoxification...).
- Les **biotechnologies bleues** — ou biotechnologies marines — occupent dans cette classification, une place particulière : elles concernent la valorisation du potentiel incommensurable, et surtout très peu connu, des mers et des océans ; un écosystème qui, à lui seul, couvre plus de 70 % de notre planète. La connaissance de ce milieu est encore bien moindre que celle du milieu terrestre, donc est tout naturellement source de découvertes.

Il conviendrait peut-être également de considérer le milieu marin comme une ressource plus qu'un secteur spécifique des biotechnologies, tant il peut contribuer à tous les autres secteurs des biotechnologies.

leur faible mobilité, ils ont dû mettre en place des défenses chimiques pour survivre et se développer. Quelques-uns de ces organismes, comme les spongiaires, sont des organismes dépourvus de coquilles. Ils renferment un squelette de spicules siliceux, calcaires ou de fibres de spongine, rarement suffisant pour les protéger des prédateurs (poissons, échinodermes, nudibranches...). Ils ne doivent alors leur protection qu'en développant leurs propres armes chimiques.

Exemples de nudibranches (Tahiti). Une molécule anti-tumorale dont la « Kahalalide F » a été extraite de spécimens hawaïens d'*Elysia rufescens* (en haut). Elle est actuellement testée dans le traitement de certaines tumeurs chez l'homme

C'est cette capacité de réponse à des environnements hostiles qui constitue une base de recherche de molécules à forte activité biologique : « Le poison pour tuer le poison ». Ces molécules doivent être très efficaces à très faibles concentrations, du fait d'une dilution possible. Le milieu marin recèle ainsi les toxines les plus puissantes connues à ce jour comme les palytoxines, les saxitoxines, la tétrodotoxine ou les ciguatoxines par exemple. Ces molécules, très complexes, sont élaborées par les organismes pour agir sur des cibles bien précises. Mais conséquences négatives, certaines d'entre elles sont aussi responsables de graves problèmes de santé publique, notamment par ingestion de fruits de mer (saxitoxines) ou de poissons (intoxication par le fugu au Japon ou ciguatera dans les régions coralliennes). Les palytoxines ont été mises en évidence dans le corail mais aussi dans des algues rouges, anémones de mer, et récemment dans des dinoflagellés. Il s'agit des toxines non peptidiques les plus complexes dont la structure a été élucidée à ce jour. Ces toxines sont à l'origine d'effets graves par exposition cutanée ou oculaire. Toutes ont un intérêt, celui de pouvoir être utilisées comme outils de laboratoire pour la compréhension de phénomènes cellulaires et physiologiques.

Les organismes marins possèdent un potentiel immense de synthèse de molécules originales d'intérêt biotechnologique. Selon l'United States Environmental Protection Agency (US EPA), il existerait près de 178 000 espèces marines qui se diviseraient en 34 phyla (embranchements). On estime à ce jour que moins de 5 % de ces espèces ont fait l'objet d'études quant à un éventuel potentiel de développement biotechnologique ! L'intérêt de ces organismes se situe dans tous les domaines des biotechnologies. Les molécules synthétisées peuvent constituer des modèles moléculaires pour l'élaboration de produits, notamment pour la santé humaine ou l'environnement. Ces molécules naturelles peuvent être modifiées pour les rendre, soit plus actives, soit moins toxiques.

Que serait notre quotidien sans biotechnologies ?

Aperçu très général des applications majeures des organismes marins		
Domaines d'application	**Organismes considérés**	**Exemples de molécules et produits**
Cosmétologie **Dermo-cosmétologie**	Macro- et microalgues, cyanobactéries, bactéries, champignons, crustacés...	Peptides, exopolymères, enzymes, composés antimicrobiens, pigments...
Environnement	Macroalgues, microalgues cyanobactéries, bactéries, crustacés	Molécules *antifouling* et antibiofilm bioremédiation : biopolymères (PS, EPS, PHA, polyphosphates)...
Industrie pétrolière	Bactéries	Exopolymères, glycolipides, biosurfactants...
Agroalimentaire	Tous organismes	Enzymes, biopolymères, pigments...
Pharmacologie/Santé	Tous organismes	Principes actifs...

PS : polysaccharide ; EPS : exopolysaccharide ; PHA : polyhydroxyalcanoate

Voici quelques exemples de leur utilité dans ce quotidien. L'exploitation des ressources marines remonte au début de l'humanité avec, en tout premier lieu, la pêche et les algues. De nos jours, qui n'a pas entendu parler des oméga-3, oméga-6... bons pour le cœur, bons pour le cholestérol, bons pour notre santé et notre système cardio-vasculaire ! Une des principales sources de ces acides gras polyinsaturés (EPA = acide eicosapentaénoïqu, DHA = acide docosahexaé-noïque) n'est-elle pas la consommation de produits de la mer, en particulier de certains poissons ? Il convient d'être prudent car l'exploitation excessive de cette dernière ressource peut, à moyen terme, poser problèmes quant à la disponibilité de ces acides gras. D'où l'intérêt de l'aquaculture et de la recherche de nouvelles sources comme les microalgues et microorganismes contenant ces composés afin d'en pérenniser la production. C'est un autre débat.

Si ces acides gras polyinsaturés constituent une première réponse à une demande sociétale croissante, nous ne consommons et n'utilisons pourtant que moins de la moitié de ce que nous retirons des océans. Il peut donc s'avérer intéressant de chercher à valoriser l'autre moitié. Les déchets, comme les peaux, les viscères et les cartilages, peuvent être utilisés en alimentation animale. Il est possible également d'utiliser le potentiel d'enzymes spécifiques ou d'hydrolysats qui résultent de la dégradation enzymatique contrôlée de molécules biologiques. Enfin, l'hydrolyse de macromolécules comme les protéines ou les polysaccharides, conduit à la production de peptides et d'oligosaccharides pouvant présenter des activités biologiques intéressantes et permettre des applications en santé humaine. C'est ce que l'on appelle la valorisation des co-produits de la pêche. On pourrait presque dire que dans le poisson tout est bon !

Algue brune
(*Fucus vésiculosus*)

Les algues connaissent depuis plusieurs années un fort développement au regard de la diversité des espèces (plus de 9 000 espèces répertoriées à travers le monde) et de leurs potentialités biotechnologiques. Si l'on remonte le temps, l'utilisation des macroalgues marines dans l'alimentation ou comme engrais (source d'azote, de carbone et d'oligo-éléments) est très ancienne. Cette utilisation a été retrouvée dès le IVe siècle au Japon, puis chez certaines populations d'Europe et d'Amérique. Elles étaient également utilisées dans la fabrication du verre au XVIe siècle, comme source d'iode à partir du XIXe siècle, et enfin dans l'industrie des colloïdes dès le début du siècle dernier. L'utilisation de ces composés, en particulier à travers les composés de la paroi des algues tels les alginates, carraghénanes, agar, etc., comme additifs texturants et auxiliaires technologiques (connus sous les codes européens E400, E404, E407, E406...) en est le meilleur exemple. Mais bien d'autres composés issus de ces macroalgues marines possèdent des activités spécifiques exploitables dans le domaine de la cosmétique, de la nutrition (animale et humaine) et de la santé. Citons comme exemples, les protéines, peptides et acides aminés, les acides gras polyinsaturés, les vitamines, pigments et composés polyphénoliques, et surtout les polysaccharides et oligo-saccharides qui suscitent un grand intérêt compte tenu de leurs propriétés biologiques maintenant avérées. Il en est ainsi des propriétés hémostatiques, du reflux gastro-œsophagien (acide alginique et alginates) ou encore de l'hyperphosphorémie (carraghénanes).

Algue rouge
(*Dilsea carnosa*)

Algue verte (*Codium tomentosum*)

Que dire des microalgues qui, selon les estimations, varient de 200 000 à plus d'un million d'espèces ! Les microalgues sont également connues de très longue date. Les scientifiques ont découvert que les Aztèques au Mexique consommaient le phytoplancton. Certains peuples d'Afrique en faisaient tout autant avec la spiruline pour sa valeur nutritionnelle et ses nombreuses vitamines antioxydantes et β (Bêta)-carotène. Cette grande diversité permet d'imaginer un vaste panel d'applications pour de nombreux secteurs industriels. L'industrie pharmaceutique, l'industrie cosmétique, l'alimentation animale mais également humaine, les fertilisants, l'environnement, et plus récemment le domaine de l'énergie et des biocarburants, sont autant de pistes de valorisation prometteuses pour ces microorganismes marins.

La chitine est un autre exemple de molécule marine à fort potentiel et aux multiples applications. Sa teneur varie de 15 à près de 40 % dans les crevettes, crabes, homards, langoustines et krill. Sa modification *via* une déacétylation, conduit au chitosane soluble dans l'eau. Ces deux polymères, ainsi que leurs éventuels dérivés ont, d'ores et déjà, trouvé des applications dans l'agroalimentaire, comme antimicrobiens, dans les films alimentaires, et dans le

Production d'un pigment violet par une algue (*Zygogonium ericetorum*) se développant en milieu acide (Yellowstone National Park, États-Unis), pigment probablement utilisé par cette algue comme « crème solaire »

traitement de l'eau. Du fait de leur absence de toxicité et d'une bonne solubilité, les oligosaccharides obtenus par dépolymérisation de la chitine ou du chitosane, retiennent, et ce depuis plusieurs années, l'attention du monde médical, pour leurs propriétés antimicrobiennes, antioxydantes, immunostimulantes, anticholestérol, anticoagulantes et même anticancéreuses.

De nombreux ouvrages ont déjà été consacrés à cette bioressource marine (produits de la mer, macro- et microalgues, chitine...). Il est fort à penser que d'autres molécules seront isolées de ces différentes sources et exploitées dans un futur proche.

Quand on pense molécule, on pense souvent « principe actif », médicament, biomédicament ou, en parlant du milieu marin, « médicament de la mer ». D'une manière générale, plus de 60 % des molécules possédant des activités biologiques (qualifiées de molécules bioactives) ont une origine naturelle, qu'elles soient considérées à l'état natif ou après modifications, ou encore basées sur des structures moléculaires identifiées chez les organismes vivants. De 1981 à 2008, près de 60 à 70 % des molécules anti-infectieuses ou utilisées dans le traitement de cancers, avaient cette origine naturelle ! Cette tendance s'est poursuivie entre 2008 et 2013.

Les crabes sont une source de chitine

Les premières études sérieuses sur les bioressources marines comme sources de métabolites bioactifs, remontent au début des années 1960 seulement. La première découverte d'un principe actif d'origine marine date de la fin des années 1950 avec la caractérisation de nucléosides dans des éponges marines. La synthèse chimique de dérivés de ces molécules a conduit à des actifs comme la vidarabine (Vira-A®) ou la cytarabine (Cytosar-U®), utilisées depuis plusieurs années, comme antiviraux et anticancéreux. Il faut citer également la ziconotide (Prialt®), isolée à partir d'un cône marin présent dans le Pacifique et l'océan Indien, qui s'est révélé être un puissant antidouleur, et le Yondelis®, un alcaloïde isolé d'une ascidie et utilisé dans le traitement de certains cancers. À ce jour, 4 molécules seulement ont été approuvées par la Federal Drug Administration (FDA), États-Unis ou par l'Europe, mais 13 autres molécules sont dans les différentes phases cliniques (phases I, IIa, IIb et III) conduisant *in fine* à une demande d'autorisation de mise sur le marché et à une commercialisation. Près de 600 molécules d'origine marine ont démontré des activités antitumorales intéressantes (au stade du laboratoire). Sept cents autres ont été décrites comme présentant une activité biologique comme antiviraux, immunomodulateurs, antibiotiques, antifongiques, anti-inflammatoires, inhibiteurs enzymatiques ou substances agissant sur le système cardiovasculaire ou le système nerveux.

L'intérêt du milieu marin pour les biomédicaments est donc évident. La littérature scientifique s'enrichit régulièrement de résultats liés à la découverte de nouveaux métabolites bioactifs d'origine marine. Plus de 20 000 produits d'origine marine ont été répertoriés à ce jour. Plusieurs centaines de brevets relatifs aux seules activités biologiques de ces produits ont été déposées au cours des dernières années. De plus, et de manière fort intéressante, les analyses statistiques indiquent une plus forte probabilité de réussite avec les molécules marines : 1 molécule sur 10 000, isolée du milieu terrestre,

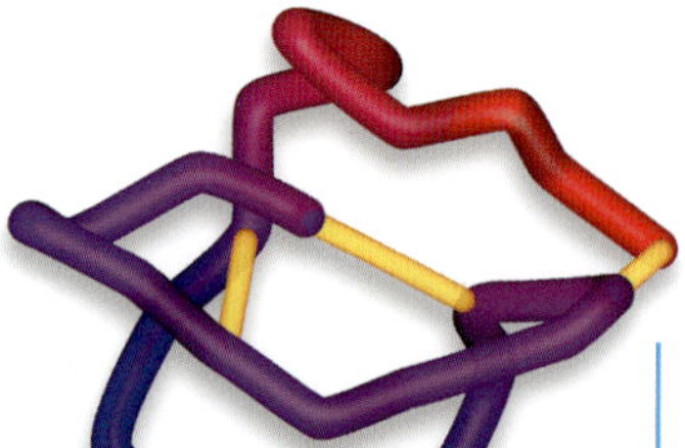

Formule de la ziconotide : molécule complexe composée de 21 acides aminés (CKGKGAKCSRLMYDCCTGSCRSGKCG).
C : cystéine, K : lysine, G : glycine,
A : alanine, S : sérine, R : arginine,
L : leucine, M : méthionine, Y : tyrosine,
D : acide aspartique, T : thréonine®

Conus magus synthétisant un antidouleur, la ziconotide (Prialt®)

Pré-clinique	***Phases cliniques***
	Phase I → **Phase II** → **Phase III** → **Phase IV**
Modèles	***Volontaires sains*** ***Patients***
Études *in vitro* Études *in vitro* Développement Production	**Phase I** : Sécurité - Tolérance - Pharmacocinétique/dynamique - Dose - Réponse **Phase II** : Dosage - Efficacité **Phase III** : Efficacité par rapport au traitement de référence **Phase IV** : Surveillance post - Marketing - Pharmacovigilance

Le long chemin d'un principe actif avant son autorisation de mise sur le marché et sa commercialisation

De la molécule bioactive à son autorisation de mise sur le marché (AMM)

Qu'elle soit d'origine naturelle, résultant de l'**hémisynthèse** ou de la synthèse chimique, toute molécule présentant une activité biologique destinée aux traitements de différentes pathologies, va devoir passer par une série de cribles qui peuvent s'avérer longs et onéreux, avant une décision finale d'autorisation de mise sur le marché. Après validation de nombreuses études préliminaires menées en laboratoire (reproductibilité, cytotoxicité...), la démarche globale est divisée en trois phases :

• La **phase I** est destinée à tester la tolérance et les premières doses minimales pharmacologiquement actives. Elle sont réalisées chez le volontaire sain (avec quelques exceptions comme pour les anticancéreux).

• La **phase II** est la phase d'identification de l'efficacité et de la tolérance de la molécule. Pendant cette phase, on cherche également à déterminer la (ou les) dose(s) optimale(s). On parle parfois de phases IIa et IIb, selon qu'elle se déroule chez des volontaires sains ou des patients, ou qu'elle soit en ouvert (sans « groupe contrôle ») ou en double insu *versus* placebo. Le nombre de patients est encore relativement restreint.

• La **phase III** est la phase de réalisation des grands essais *versus* placebo, avec parfois plusieurs doses, ou *versus* le produit de référence. Cette phase est destinée à démontrer, sur de grands effectifs, l'efficacité et la tolérance du produit. En parallèle, il peut être réalisé des essais chez des populations particulières en fonction de la pathologie visée et de la population cible : insuffisants rénaux ou hépatiques, personnes âgées, par exemple.

Après l'obtention de l'AMM, il est possible de mettre en œuvre des études dites de phases IV, destinées à vérifier la tolérance du produit en utilisation à grande échelle, et à identifier de nouvelles indications.

Exemples de métabolites secondaires marins avec applications dans le domaine de la santé					
	Composé	**Origine**	**Type de molécule**	**Nom commercial**	**Domaine**
AMM	Cytarabine, Ara-C	Éponge	Nucléoside	Cytosar-U®	Cancer
	Vidarabine, Ara-A	Éponge	Nucléoside	Vira-A®	Antiviral
	Ziconotide	Cône	Peptide	Prialt®	Antidouleur
	Trabectédine (ET-743)	Tunicier	Alcaloïde	Yondelis®	Cancer
Phase III	Éribulin Mesylate (E-7389)	Éponge	Macrolide	Non déterminé (ND)	Cancer
	Soblidotine (TZT 1027)	**Bactérie**	Peptide	ND	Cancer
Phase II	DMXBA (GTS-21)	Ver	Alcaloïde	ND	Schizophrénie
	Plinabuline (NPI-2358)	Champignon	Dikétopipérazine	ND	Cancer
	Plitidepsine	Tunicier	Depsipeptide	Aplidin®	Cancer
	Élisidepsine	Mollusque	Depsipeptide	Irvalec®	Cancer
	PM1004	Nudibranche	Alcaloïde	Zalypsis®	Cancer
	Tasidotine, Synthadotine	**Bactérie**	Peptide	ND	Cancer
	Pseudoptérosines	Corail mou	Diterpène glycoside	ND	Cicatrisation
Phase I	Bryostatine 1	Bryozoaire	Polykétide	ND	Cancer/ Anti-Alzheimer
	Hémiasterline (E-7974)	Éponge	Tripeptide	ND	Cancer
	Marizomib Salinosporamide A	**Bactérie**	γ-lactame-β-lactone	ND	Cancer

obtiendrait une autorisation de mise sur le marché, alors qu'en milieu marin, cette prévision serait de 10 pour 10 000 ! Mais attention, un tout petit nombre de ces substances actives est (ou sera) exploité à des fins pharmacologiques car la molécule doit répondre à de nombreux critères : activité, stabilité, absence de toxicité, mais aussi disponibilité. Et que le chemin est long entre la découverte du principe actif et son utilisation par le malade.

Même si cette recherche est engagée depuis simplement quelques décennies, elle a clairement démontré toute l'importance des organismes marins comme sources de nouvelles molécules bioactives.

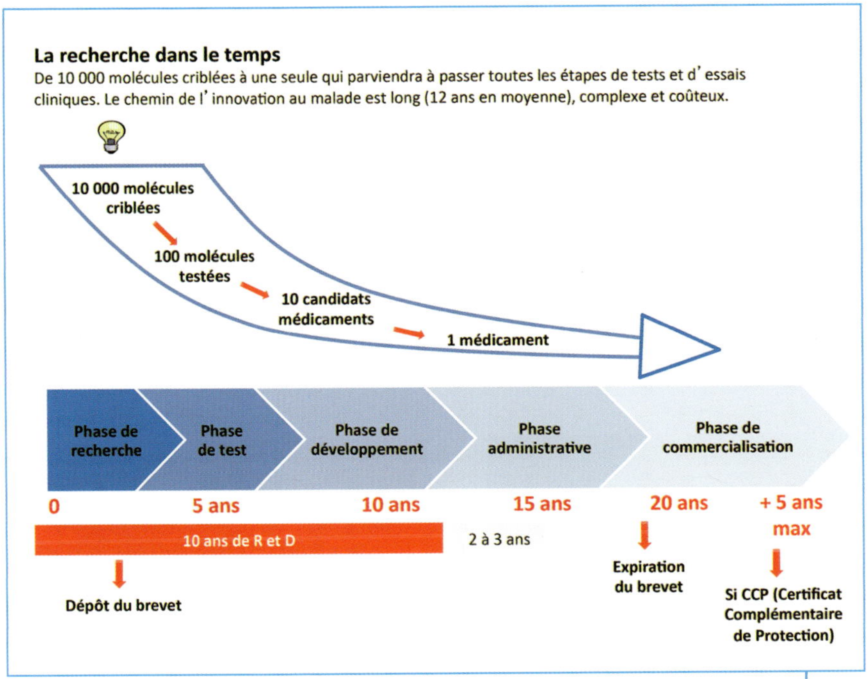

Du criblage de molécules naturelles à l'utilisation en tant que médicament. De nombreuses années de patience, d'espoirs et parfois de déceptions !

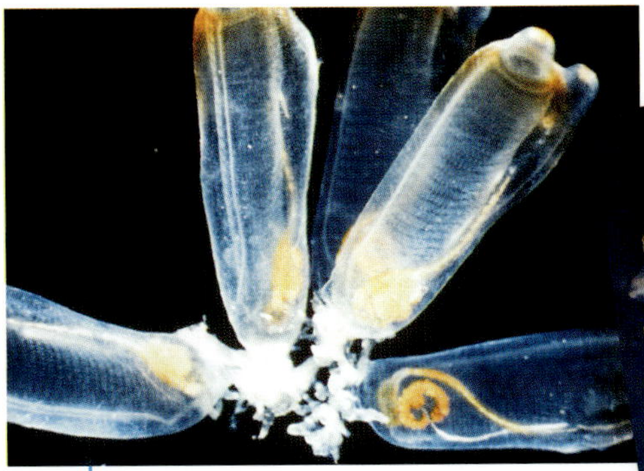

Ecteinascidia turbinata, ascidie synthétisant le Yondelis®, alcaloïde utilisé pour le traitement de certains cancers

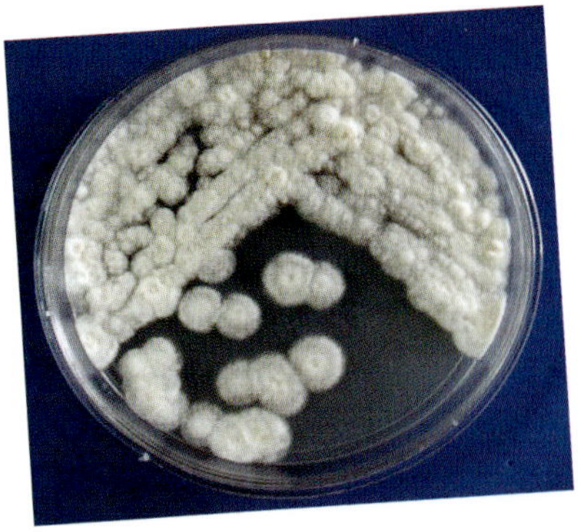

Et les microorganismes dans tout cela ?

Si le milieu marin, au travers de sa très grande richesse biologique, est source de nouvelles molécules, il est clair que les microorganismes n'y contribuent pas, à ce jour, autant que pourrait laisser supposer la diversité microbienne. Moins de recul certes, mais surtout peu ou moins d'intérêt ! Il est vrai que les microorganismes qui constituent ce monde invisible, ne peuvent bénéficier, comparativement aux plantes et organismes supérieurs, de ce que l'on appelle l'ethno-pharmacologie. Dans les faits, les microorganismes ne sont « responsables » que de moins de 20 % des brevets pris au cours de ces dernières années sur des molécules d'origine marine. Nul doute que ce pourcentage ira croissant, de par la biodiversité bactérienne, une meilleure connaissance d'outils moléculaires, des spécificités liées aux bactéries (facilités de fermentation et d'extraction de molécules), et l'exploration-exploitation de nouveaux écosystèmes. Point additionnel de grande importance d'un point de vue écologique

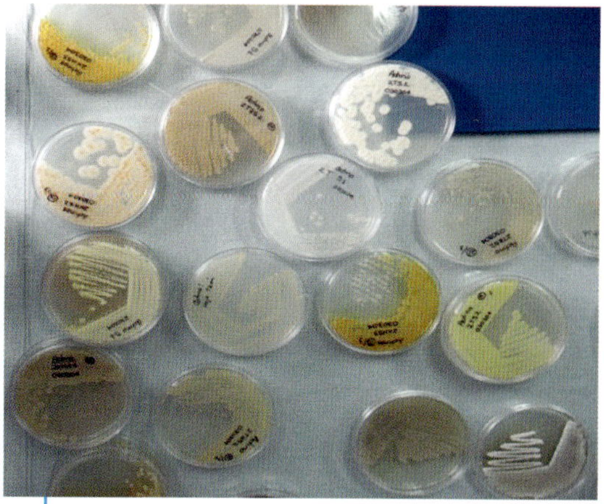

Microorganismes marins isolés de récifs coralliens (golfe des Caraïbes). Culture sur milieu solide (boîtes de Pétri)

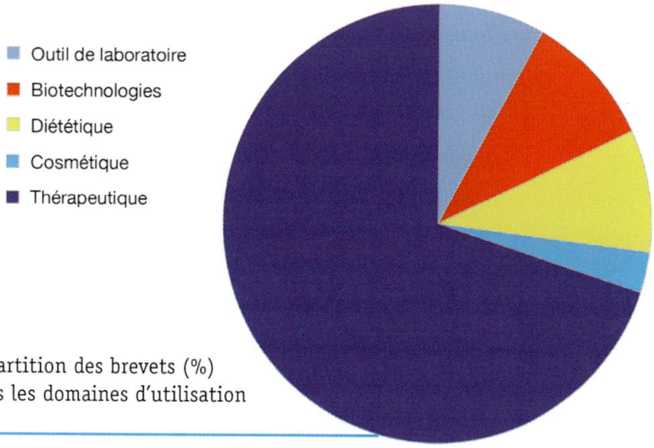

Répartition des brevets (%) dans les domaines d'utilisation

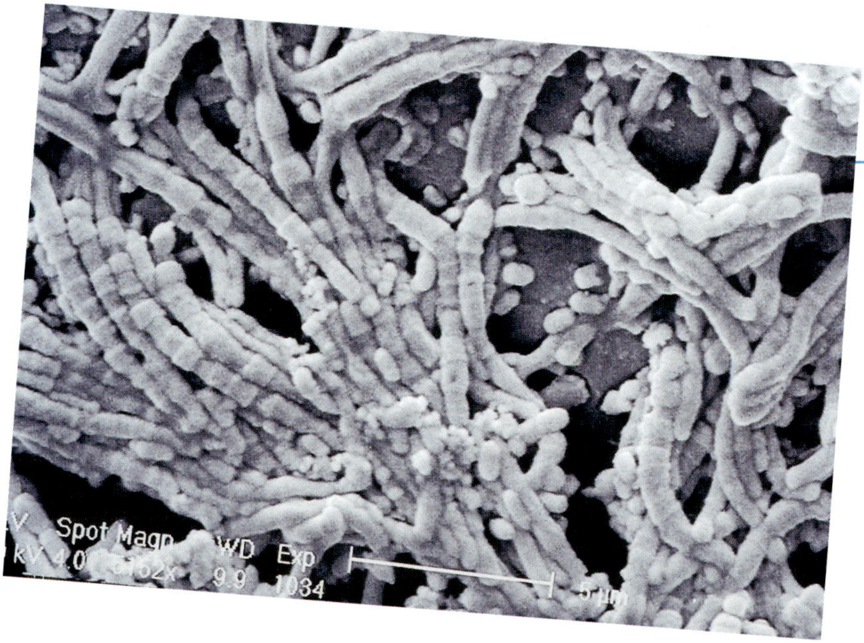

Cellules bactériennes identifiées par microscopie électronique à balayage (MEB)

et économique, la question autour de l'origine réelle des molécules bioactives, identifiées à ce jour chez des macroorganismes marins, et dont des études récentes attribuent, pour certaines d'entre elles, leur synthèse plus aux bactéries associées qu'aux organismes « hôtes » .

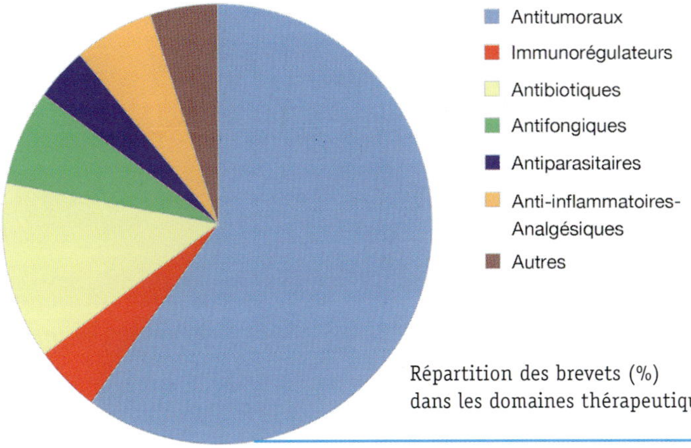

Répartition des brevets (%) dans les domaines thérapeutiques

Et si nous avions oublié l'invisible ?

Et si nous avions oublié l'invisible ?

Everywhere you look, biotechnology touches your life
(Tout autour de vous ramène aux biotechnologies)
Biotechnology Industry Organization, 2014

N'a-t-on pas oublié les microorganismes ? Ces microorganismes sont pourtant responsables de plus de 50 % de la production primaire et du cycle des nutriments.

Et si ces organismes invisibles, de taille inférieure au micron (un millième de millimètre), étaient en réalité la source de nouvelles molécules, la réponse à des demandes sociétales pour de nouveaux médicaments, de nouveaux antibiotiques, voire des principes actifs innovants pour la cosmétologie, ou encore de nouvelles approches pour la protection et la préservation de notre environnement ? Alors pourquoi un tel oubli ?

Page précédente
Nudibranche, Polynésie française.

There's a tremendous amount to be discovered in terms of microorganisms that produce new natural product structures. I think that is just the tip of the iceberg. Once microbiologists begin to focus on the diversity of bacteria and fungi in the marine environment, we're going to find all sorts of new and exciting things (université du Minnesota, États-Unis).

Ce qui peut être traduit par : « Il reste beaucoup de choses à découvrir sur les microorganismes et la production de nouvelles structures de produits naturels. Nous n'en connaissons que la partie émergée de l'iceberg ! Quand les microbiologistes commenceront à étudier cette biodiversité microbienne dans l'environnement marin, il faut s'attendre à des découvertes surprenantes et passionnantes. » Nous sommes loin, mais alors vraiment très loin, de connaître tout le potentiel de la biodiversité microbienne !

Là où la vie microscopique foisonne...

Le milieu marin est un milieu très riche en microorganismes. Il convient de se rappeler que la vie dans les océans est, en grande partie, le fait d'organismes unicellulaires procaryotes, bactéries, archées, cyanobactéries, etc. Le nombre de cellules bactériennes varie de quelques centaines à plusieurs millions par millilitre d'eau de mer. Sur cette base, cette population microbienne pourrait se situer, selon certains calculs, aux alentours de plusieurs milliards de milliards de milliards de bactéries, d'archées et de virus. Ces microorganismes sont aussi responsables de plus de 50 % de la production primaire et du cycle des nutriments. Les bactéries sont soit libres (bactéries planctoniques) soit, le plus souvent, associées à du matériel particulaire (bactéries sessiles), ou encore présentes sur des surfaces, qu'il s'agisse de surfaces occasionnelles, artificielles ou « naturelles », tels les organismes marins. La plus grande diversité de la population bactérienne se trouve présente au niveau des sédiments. Les sédiments offrent en effet un milieu plus riche en nutriments dont la composition varie avec les différents biotopes :

eaux côtières peu profondes, tempérées ou tropicales, sédiments de sources géologiques et de composition chimique variées, proximité de sources hydrothermales, environnements pauvres en oxygène. La présence de surfaces à coloniser dans ces sédiments est naturellement plus importante et stimule aussi la croissance bactérienne.

Bactéries et molécules bioactives

De manière générale, les bactéries se développent plus facilement sur toute surface où elles vont proliférer, créant parfois ce que l'on appelle un biofilm. Elles peuvent même favoriser, au sein de ce biofilm, la synthèse de molécules d'intérêt biotechnologique qui seront abordées plus loin dans cet ouvrage. Il existe de plus en plus d'évidences quant à un lien possible entre des communautés bactériennes et des surfaces spécifiques. Cela se vérifie sur quelques algues et éponges qui, selon les espèces, hébergent des communautés bactériennes différentes, ou peu diversifiées, comme le phylloïde et le rhizoïde pour l'algue *Laminaria saccharina* ou l'ectoderme et la masse spongieuse interne d'une éponge *Tethya aurantium*.

Éponge *Tethya aurantium*. Cette éponge héberge des populations bactériennes différentes

Sur la base des données scientifiques actuelles, force est de constater que le nombre de groupes zoologiques concernés par la découverte de nouvelles molécules dites bioactives (possédant une activité biologique), apparaît très restreint, et sans commune mesure avec l'importance de la biodiversité marine. Que dire des microorganismes marins, longtemps absents de la plupart des études menées sur le sujet ! À l'opposé, certains groupes sont bien représentés, à l'instar des éponges qui possèdent, à leur actif, plusieurs centaines de composés bioactifs déjà répertoriés. Une fois encore, les choses évoluent avec une contribution des microorganismes beaucoup plus marquée au cours des dernières années, et la découverte de nouvelles molécules d'origine microbienne. C'est aussi vrai pour les avantages présentés par les microorganismes, comme une meilleure connaissance des voies métaboliques, la maîtrise des outils de fermentation, d'extraction-purification, l'absence de contraintes en matière d'accessibilité à la « matière première », ou encore le questionnement autour de l'origine réelle des molécules...

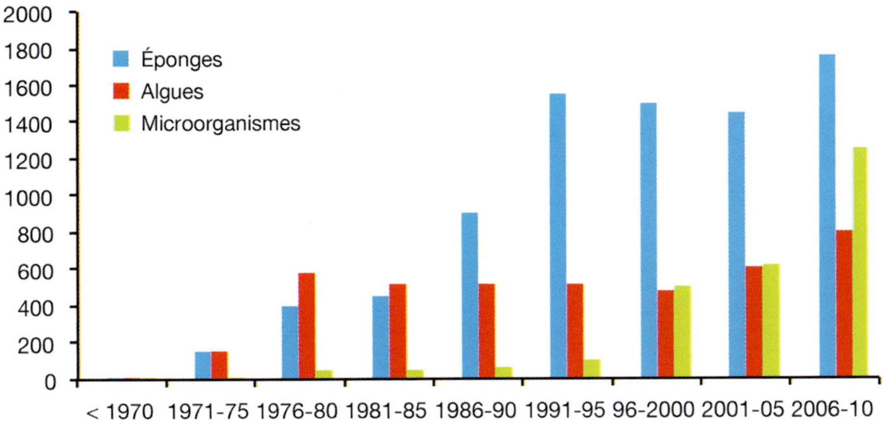

Évolution du nombre de publications scientifiques relatives aux travaux menés sur les métabolites bioactifs en fonction des organismes considérés.
Il faut noter la montée en puissance des études sur les microorganismes (base de données MarinLit, université de Canterbury, Nouvelle-Zélande)

Depuis la découverte, en 1929, du premier antibiotique connu, la pénicilline, par le médecin anglais Alexander Fleming, à partir d'une moisissure appelée *Penicillium notatum*, ou celle de l'enzyme Taq DNA dépolymerase obtenue à partir d'une bactérie *Thermus aquaticus* isolée des sources chaudes de Yellowstone aux États-Unis, 60 années plus tard, plusieurs dizaines de milliers de produits naturels ont été identifiés comme étant synthétisés par des microorganismes marins et terrestres. Grâce aux études faites par la Scripps Institution of Oceanography (États-Unis), il a été démontré que les bactéries marines étaient capables de synthétiser des structures moléculaires qui n'avaient jamais été observées pour des microorganismes d'origine terrestre ! Notons qu'il y a effectivement une augmentation très significative du nombre de nouveaux produits issus de microorganismes marins. Fin 2010, plus de 3 000 produits naturels ont été répertoriés avec pour origine des microorganismes marins. L'augmentation est encore plus sensible si l'on compare le nombre de molécules d'origine microbienne avec la moyenne observée sur près de 40 ans (1965-2005), soit une valeur supérieure à 600 % ! Autre donnée importante démontrant la prise en compte de la composante microbienne du milieu marin : plus de 250 métabolites bactériens bioactifs trouvés au cours des cinq dernières années comparés aux 150 métabolites isolés de bactéries terrestres. Tous ces chiffres, certes assommants, illustrent simplement le potentiel de la composante microbienne, trop ignorée à ce jour, et l'intérêt croissant soulevé par les microorganismes, tant pour la recherche académique que pour les industriels, les industries de la santé particulièrement.

Arbre phylogénétique de la vie

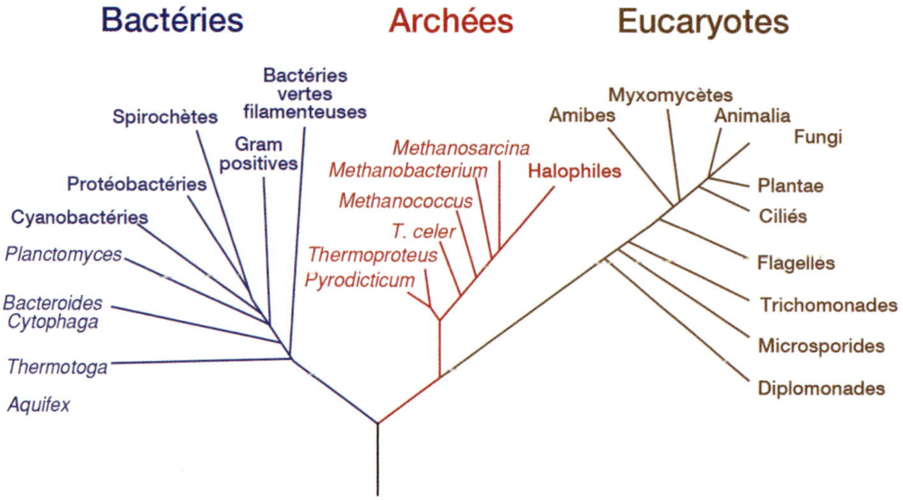

Bactéries et archées

Les études phylogénétiques, basées sur l'analyse de l'ARN ribosomal 16S, ont permis de mettre en évidence l'existence de trois domaines distincts : les bactéries, les archées et les eucaryotes. Cette division a été confirmée par les résultats de la génomique. Bien qu'établie dès 1978 par le microbiologiste américain Carl Woese, cette classification du vivant ne s'est imposée que très lentement. Archées et bactéries ne possèdent ni noyau, ni organites intracellulaires, contrairement aux eucaryotes.

Les archées et les bactéries diffèrent par plusieurs aspects : (I) sur le plan évolutif, les espèces vivantes de chaque domaine descendent d'un ancêtre commun distinct, même si l'on observe de fréquents transferts latéraux de gènes d'un domaine à l'autre ; (II) les membranes cellulaires sont très distinctes. À la différence des bactéries chez qui des liaisons esters lient les acides gras au glycérol, les lipides des archées ont des liaisons éther entre le glycérol et les chaînes latérales **hydrophobes**. Les lipides d'archées ne possèdent pas d'acides gras et ces chaînes latérales sont constituées d'isoprénoïdes ; (III) les archées sont plus proches des eucaryotes que des bactéries pour les mécanismes liés à la réplication, la transcription et la traduction ; (IV) à l'inverse, les archées se rapprochent des bactéries pour la division cellulaire et les voies du métabolisme énergétique.

Mais alors pourquoi un tel décalage, pourquoi un tel retard ? Ce retard, ou plutôt cette absence de considération du potentiel des microorganismes marins est, pour une grande part, liée à leur « non-cultivabilité ». Comment exploiter d'un point de vue biotechnologique ce que l'on ne sait pas, ou ne savait pas, identifier et mettre en conditions de culture ou de fermentation ? Les techniques de microbiologie dites classiques ne permettent d'accéder qu'à moins de 0,1 à 1 % des espèces microbiennes présentes dans les écosystèmes marins. Tout aussi parlant est le nombre d'espèces bactériennes identifiées à ce jour, sans rapport avec le nombre estimé de plusieurs millions ou plus ! Cela laisse imaginer l'énorme réservoir de molécules nouvelles que constitue ce seul compartiment microbien ! Cette ressource, inconnue et inexploitée, pourrait donc être le principal gisement de nouvelles molécules des prochaines décennies. L'un des enjeux majeurs de la recherche porte, et portera, sur le développement de méthodes d'identification, de caractérisation (cultures et produits dérivés), d'analyse de cette fraction incultivable, et des ressources génétiques correspondantes. La métagénomique, *via* l'accès au réservoir énorme que constitue cette part non-cultivable des microorganismes, permet d'envisager la découverte prochaine de molécules bioactives inédites. Elles répondront à la plupart des grands challenges actuels sur la recherche de nouveaux médicaments, de nouvelles thérapies en oncologie, ou encore dans le domaine des maladies neurodégénératives. Cette technologie se présente comme une alternative performante aux techniques plus classiques et sélectives – à ne pas négliger – de microbiologie. Couplée à des plates-formes de criblage à haut-débit, cette approche devrait conduire rapidement à une meilleure connaissance de la biodiversité microbienne, mais aussi et surtout, à la découverte de métabolites innovants, dont des médicaments originaux.

Il ne faut pas oublier que les produits naturels présentent l'avantage d'une plus grande diversité et unicité de structures moléculaires, paramètres qui ne peuvent pas toujours être obtenus en laboratoire par les voies de la chimie classique. Cette diversité et cette unicité sont souvent le fait de réactions enzymatiques stéréospécifiques conduisant à des structures moléculaires complexes, uniques et chimiquement pures. Cela contribue à donner aux produits naturels (marins ou non) de gros avantages par rapport à la chimie de synthèse et à la chimie combinatoire. Seulement 0,001 % des produits issus de la synthèse chimique ont vocation à devenir des principes actifs. Ce pourcentage est à comparer aux 0,2 à 0,3 % de métabolites bactériens (soit 200 à 300 fois plus !) et au même pourcentage de ces métabolites servant de produits de référence à l'élaboration des médicaments.

Macroorganismes ou microorganismes ?

À l'immense espoir de découvrir de nouvelles structures grâce à la diversité microbienne, viennent s'ajouter deux autres paramètres plaidant pour la composante suivante : l'origine réelle des métabolites identifiés et les problèmes liés à la culture des macroorganismes.

Qui produit quoi ? Un nombre important de biomolécules actives a été caractérisé à partir de macroorganismes (éponges, ascidies, bryozoaires, tuniciers, cnidaires...). Mais ces molécules sont-elles vraiment synthétisées par les organismes à partir desquels elles ont été isolées et caractérisées, ou ont-elles pour origine des microorganismes associés ? Ces macroorganismes sont-ils les véritables « producteurs » des principes actifs ? De nombreuses interrogations et incertitudes demeurent sur le sujet ! La plupart des invertébrés marins, connus comme synthétisant les molécules à forte activité biologique, hébergent dans leurs tissus, des microorganismes comme les bactéries, les champignons ou encore les microalgues et les cyanobactéries. Les microorganismes peuvent même représenter jusqu'à près de 40 à 50 % de la biomasse de certaines éponges et autres organismes marins. Cette présence bactérienne répond, dans la grande majorité des cas, à des stratégies de défense et de protection contre un environnement chimique ou biologique hostile. En l'absence de moyens propres de protection, certains macroorganismes abritent les populations bactériennes qui, par la synthèse de métabolites spécifiques, leur assurent cette protection. Les bactéries symbiontes pourraient être, dans de nombreux cas, les véritables sources de ces molécules bioactives.

Simple question de complémentarité et de survie !

Les travaux de la Scripps Institution of Oceanography (États-Unis) ont démontré que la bryostatine, un anticancéreux actuellement en phases cliniques I et II, était produite par une bactérie symbionte, *Candidatus endobugula sertula*, vivant à l'intérieur d'un bryozoaire *Bugula neritina*.
De même, les propriétés *antifouling* observées chez une algue très courante (*Ulva reticulata*) apparaissent tout autant liées à la présence de bactéries associées au thalle de ces algues qu'à une production de principes actifs par l'algue elle-même. La colonisation bactérienne d'une surface naturelle, ou artificielle, peut parfois être contrôlée par quelques espèces dominantes, voire une seule espèce, *via* cette synthèse de molécules. Des molécules à forte activité biologique qui empêchent toute autre colonisations avec, en contre-partie, une plus grande disponibilité en nutriments nécessaires à leur croissance !

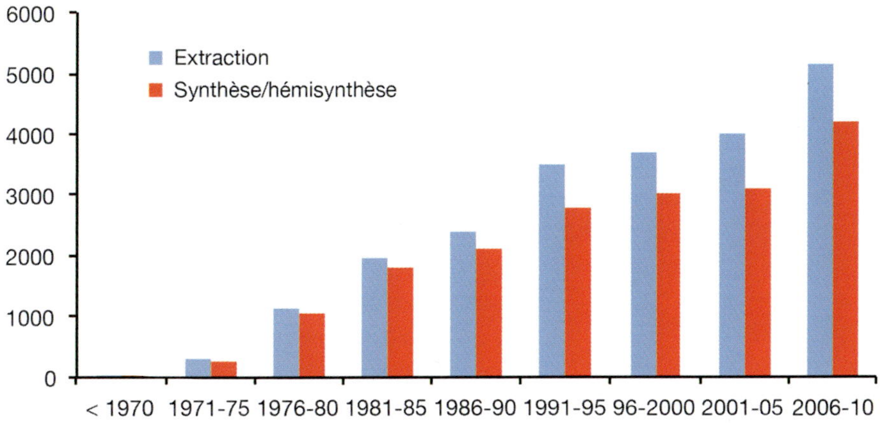

Évolution comparative des procédés d'obtention de molécules bioactives au cours des dernières années. Depuis 2010, les tendances n'ont que très peu évoluées

Ces hypothèses sur l'origine réelle de métabolites secondaires peuvent trouver de gros avantages dans la résolution de la problématique de leur production à l'échelle industrielle. En effet, le fait que des microorganismes symbiontes soient, le cas échéant, les véritables producteurs des métabolites, pourrait ramener le problème de la disponibilité à de « simples » fermentations, si tenté que l'on puisse identifier facilement le milieu de culture adapté à ces microorganismes ! Car le « Y'a qu'à ! » n'est jamais de mise en biotechnologie ! Un exemple de succès récent a été décrit pour des alcaloïdes antipaludiques, les manzamines, isolées de spongiaires. Plusieurs manzamines ont été isolées de spongiaires collectés dans des zones géographiques différentes, permettant de penser que leur origine provient d'un microorganisme associé. Ce microorganisme a été identifié et la manzamine A et son dérivé hydroxylé, ont alors été obtenus à partir de la culture de *Micromonospora* sp., culture plus aisée que celle des spongiaires.

Toutefois, dans le cas d'une production avérée, propre à ces macroorganismes (éponges, tuniciers, coraux...), se pose parfois la difficulté d'obtention directe de ces molécules. Si l'on exclut naturellement leur prélèvement et collecte dans le milieu naturel, synonymes de destruction des écosystèmes et disparition de certaines espèces, leur culture (la mariculture) peut poser de gros problèmes de logistique et de mise en œuvre. S'il semble aisé de développer la production piscicole ou crevetticole, ou de faire pousser des champs d'algues, il est peut être moins simple de procéder à « l'élevage industriel » d'invertébrés comme des éponges, cônes, etc. Si certains des problèmes associés à de telles cultures ont été partiellement résolus et des progrès incontestables obtenus sur les bryozoaires et tuniciers notamment, il reste encore celui de la reproductibilité, et celui de la production quantitative des molécules. Plus de 13 tonnes du bryozoaire *Bugula neritina* seraient nécessaires pour obtenir 18 grammes de bryostatine ! Il faudrait aussi plus d'une tonne de l'éponge *Lyssodendoryx* sp. et de l'ascidie *Ectanascidia turbinata* pour obtenir respectivement au maximum un gramme de halicondrine (anticancéreux) et d'ectéinascidine (anticancéreux, Yondelis®). Sur la base minimale requise de 1 à 5 kilogrammes de produit actif annuellement, cela correspondrait alors à un tonnage compris entre 3 000 et 16 000 tonnes de biomasse selon les espèces considérées !

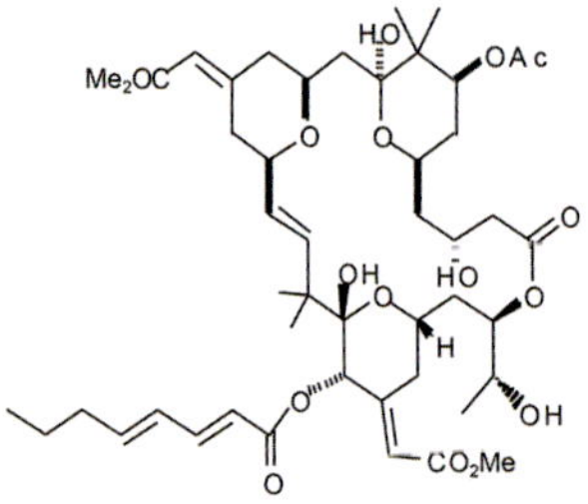

Bryostatine 1

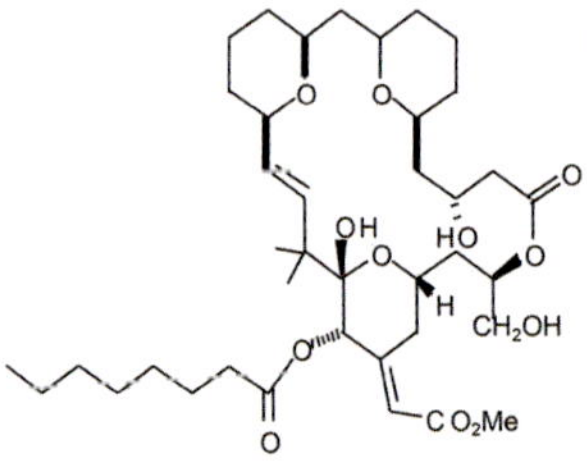

Analogue A

Structure chimique de la bryostatine (anticancéreux) isolé chez le bryozoaire *Bugula neritina*, et son analogue A, produit par une bactérie symbionte, *Candidatus endobugula sertula*

Ces molécules sont souvent très complexes et uniques d'un point de vue chimie. Pourtant, leur disponibilité pour les différentes études, du laboratoire aux essais cliniques, est cruciale. La première solution qui vient à l'esprit est la synthèse chimique de ces molécules. Encore faut-il que celle-ci soit possible et que son coût ne s'avère pas lui-même trop élevé. À titre d'exemple, plus de 39 étapes chimiques sont nécessaires pour la synthèse, en laboratoire, de la discodermolide, un anticancéreux actuellement en phase clinique I, isolé de l'éponge *Discodermia dissoluta*.

Une autre voie possible à l'obtention de ces molécules est celle de la production d'analogues ou de précurseurs par des microorganismes afin de les obtenir *in vitro*, sans dépendre de la ressource naturelle de l'organisme producteur et sans production indésirable de co-produits de synthèse. Ce genre d'expérimentations a été tenté pour plusieurs molécules prometteuses dont le rendement d'extraction était particulièrement faible, ou la synthèse complexe et peu rentable. Cette synthèse d'analogues peut aussi permettre une plus grande souplesse dans la modification et la fonctionnalité des intermédiaires de synthèse. Un exemple illustrant la conception d'une molécule sur un modèle naturel est une nouvelle fois celui de la bryostatine 1. Cette molécule et ses analogues naturels (18 composés au total) ont été obtenus à partir du bryozoaire, *Bugula neritina*, présent dans le golfe de Californie. Si le bryozoaire pousse facilement sur différents supports, le rendement en principe actif n'est pas suffisant pour un développement. Un microorganisme, associé à ce bryozoaire et produisant le composé, a été isolé, mais la production par voie biotechnologique s'est avérée difficile, et peu rentable. L'activité de ce composé a été suffisamment convaincante pour le mener à des essais cliniques, en phase I, actuellement. Les éléments clés de l'activité de cette molécule ont été identifiés, en particulier la position d'atomes d'oxygène du macrocycle indispensable pour conserver les interactions avec la protéine cible. La molécule a été simplifiée pour aboutir à l'analogue A, encore plus actif que les molécules naturelles, et qui peut être alors produit à grande échelle.

Il en est ainsi d'une bactérie, *Pseudomonas fluorescens*, dont la fermentation en conditions contrôlées, conduit à la synthèse d'un homologue à un anticancéreux actuellement sur le marché (Yondelis®), obtenu initialement à partir de l'ascidie, *Ecteinascidia turbinata*. Cet homologue bactérien fait ensuite l'objet de plus de 20 étapes supplémentaires avant l'obtention du produit recherché et de ses homologues .

La dolastatine 10, peptide bioactif possédant une activité antitumorale a, quant à elle, été isolée à partir du lièvre de mer *Dolabella auricularia*, synthétisée par une cyanobactérie (*Symploca* sp.). Ce composé a montré une activité insuffisante contre diverses tumeurs mais a servi de modèle pour la préparation de plusieurs analogues de synthèse, dont la soblidotine, en cours de développement dans plusieurs compagnies et centres de recherche (Phase III).

Dolabella auricularia, lièvre de mer produisant un peptide bioactif, la dolastatine 10

D'autres exemples de cette nature sont en cours d'études. Ils montrent l'importance de l'analyse de la molécule, des sites actifs, et du travail de modélisation nécessaire pour synthétiser des analogues conservant l'activité avec un rendement suffisant.

Enfin, une autre solution, et probablement la plus intéressante en devenir, pourrait consister à identifier des gènes responsables de la synthèse de la molécule active, soit chez l'organisme, soit chez la bactérie symbionte. Leur transfert vers un organisme hôte dont la fermentation ne poserait aucune difficulté constituerait une réponse aux problèmes évoqués ci-dessus.

Un des nombreux challenges en biotechnologies reste à l'évidence la découverte de nouveaux médicaments répondant à la nécessité de quadrupler rapidement les capacités mondiales de production. L'exemple le plus souvent cité est celui des antibiotiques. On considère que la découverte et l'utilisation des antibiotiques ont augmenté l'espérance de vie de près de 15 années ! Mais beaucoup de bactéries pathogènes ont développé, au cours des années, des résistances fortes aux antibiotiques (antibiorésistance), causant ainsi des problèmes majeurs de santé et le décès chaque année, de plusieurs millions de personnes dans le monde, en l'absence de nouveaux traitements. On estime qu'à ce jour, plus de 100 000 antibiotiques ont été décrits, une centaine d'entre eux seulement sont utilisés. Les raisons sont diverses, allant d'une trop forte toxicité, à une faible solubilité dans l'eau, voire à une redondance par rapport à d'autres molécules existantes. Il y a urgence à trouver de nouvelles molécules. La recherche de principes actifs, ou de molécules innovantes à partir des microorganismes, est en plein essor. Tout comme leurs homologues terrestres, les actinomycètes marins semblent être, à ce jour, une source importante de principes actifs (antibiotiques et anticancéreux notamment). Le premier principe actif isolé d'un actinomycète marin était un antibiotique. Depuis quelques années, de nouvelles espèces (*Salinospira* sp., *Marinispora* sp., *Micromonospora* sp.), isolées notamment de sédiments profonds, ont démontré la capacité de synthèse de composés cytotoxiques anticancéreux et antimicrobiens. Le plus connu de ces métabolites reste à ce jour la Salinosporamide A, composé actuellement en phase clinique I. Si les souches fongiques marines tiennent toujours une place prépondérante dans la production des métabolites secondaires, les bactéries présentent, de leur côté, un potentiel biotechnologique important dans le domaine des biopolymères, mais aussi dans la découverte de nouvelles molécules bioactives.

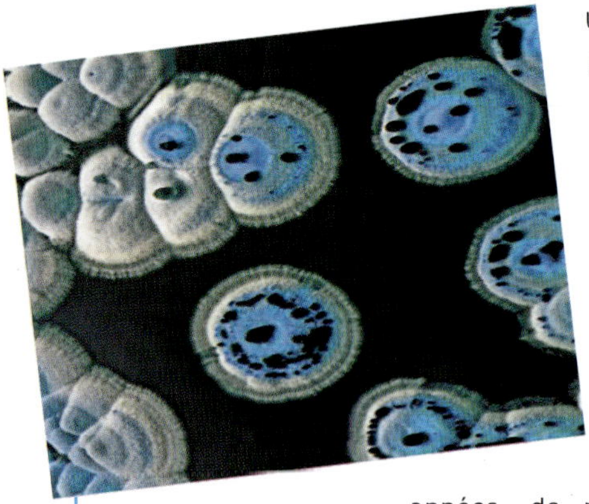

Champignons et actinomycètes marins isolés de la Barrière de corail, golfe des Caraïbes

Il faut reconnaître qu'il devient de plus en plus difficile de découvrir de nouvelles molécules, même à partir de ces microorganismes. Une grande biodiversité bactérienne ne signifie pas systématiquement une diversité de nouvelles structures chimiques ! Quatre-vingt dix pour cent des cultures microbiennes fournissent des molécules connues, ce qui est coûteux et inefficace. D'où l'intérêt d'explorer de nouveaux écosystèmes marins atypiques pour en étudier la biodiversité ainsi que les stratégies de survie mises en œuvre par les organismes vivants et les bactéries. Les microorganismes des environnements extrêmes y ont probablement développé des capacités d'adaptation métaboliques et physiologiques uniques. Ils offrent donc un potentiel de production de nouveaux métabolites qui ne seraient pas présents dans des environnements plus « classiques » ou chez les microorganismes terrestres.

Autre exemple de champignon marin présent dans le lagon de Polynésie française

Milieux extrêmes et atypiques

Il y fait froid, parfois très froid ! il y fait chaud, parfois très chaud ! il y fait noir, mais parfois il y fait un soleil étincelant, l'eau est douce ou très salée ou salée puis douce... quelques paramètres qui peuvent définir les écosystèmes que l'on peut qualifier d'extrêmes ou d'atypiques.

La vie existe bien dans de tels environnements et les microorganismes y jouent là également un rôle fondamental. Ils y ont développé des stratégies de survie et d'adaptation à ces conditions physico-chimiques extrêmes ou variables.

Qu'est-ce qu'un milieu extrême ou atypique ?

Outre les avancées en matière de connaissance de la biodiversité bactérienne *via* notamment les outils de biologie moléculaire et les sciences dites « omiques » (métagénomique, génomique, protéomique, glycomique), l'exploitation des écosystèmes présentant des caractéristiques physico-chimiques atypiques, constitue une autre piste de recherche en matière de biotechnologies marines et de découverte de structures moléculaires innovantes. Depuis plusieurs années, et avec l'évolution des technologies d'exploration, l'attention se porte sur les environnements atypiques, en d'autres termes sur les écosystèmes présentant des conditions physico-chimiques particulières pouvant favoriser le développement de microorganismes adaptés à de telles conditions (pH, salinité, pression, température, éléments toxiques....). Des microorganismes que l'on pourrait qualifier, pour certains d'entre eux, d'« extrêmophiles ». Il peut sembler logique d'imaginer qu'à de tels écosystèmes, puissent correspondre des microorganismes originaux, associés à des voies métaboliques originales et/ou à la production de molécules nouvelles en lien avec ces conditions spécifiques !

Cette seule notion d'environnements extrêmes ou atypiques est-elle suffisante pour en conclure qu'ils constituent LA source de structures moléculaires originales qui pourraient trouver des applications dans les différents secteurs des biotechnologies ? La question est posée mais la réponse n'est pas simple. Malgré quelques données intéressantes, les scientifiques manquent encore de recul pour y répondre avec certitude. L'exploration de quelques-uns de ces écosystèmes n'en est qu'à ses balbutiements. Le lien entre les conditions d'un habitat extrême et une production (en conditions de laboratoire et en adéquation avec des réalités économiques et industrielles) de molécules innovantes n'est toujours pas évident.

Un « extrêmophile » est donc un organisme vivant dans un milieu extrême. Mais qu'entend-on par milieu extrême ? À cette question simple, les réponses peuvent varier. Il s'est agi, dans un premier temps, de milieux hostiles à l'homme, où toute vie humaine paraissait impossible. Cette conception a laissé place à une autre approche basée sur l'observation des formes de vie macroscopique. Puis, l'inventaire des formes de vie au cours de la seconde moitié du XXe siècle a permis la découverte de microorganismes vivant dans des milieux de plus en plus improbables, considérés auparavant comme stériles (sources thermales, hydrothermales, lacs acides, alcalins, hypersalés, sédiments marins profonds, réservoirs pétroliers, glaciers, etc.). Ces découvertes ont progressivement reculé les limites physiques et chimiques de la vie sur Terre. À l'heure actuelle, certaines limites ne sont toujours pas connues. Les recherches se poursuivent afin de définir les limites de la biosphère. C'est le cas, notamment, pour les microorganismes des sédiments profonds du plancher océanique (biosphère de sub-surface) et pour les limites de la vie sous pression. Ces découvertes ont même conduit à reconsidérer les hypothèses de vie sur d'autres planètes (exobiologie).

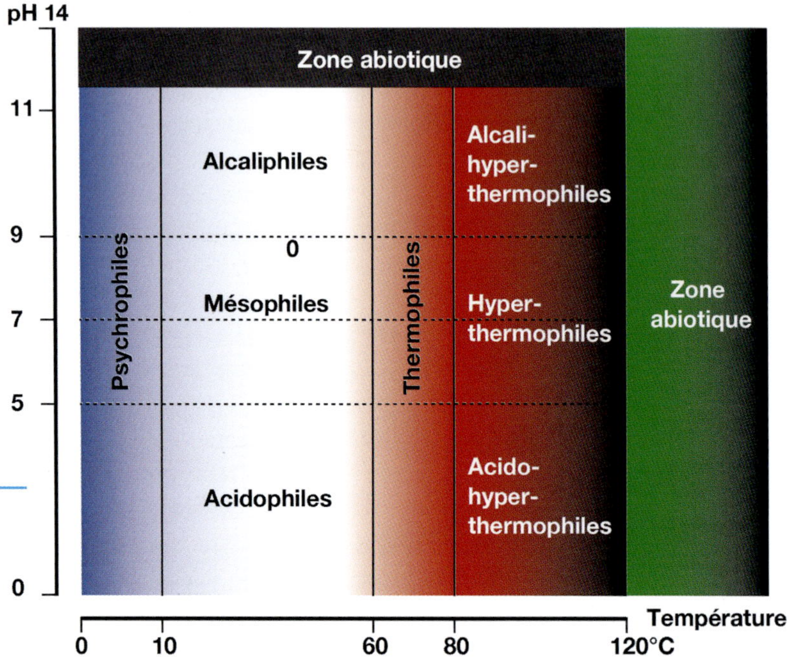

Terminologie des extrêmophiles en fonction de la température (axe des X) et du pH (axe des Y). Le même type de combinaison s'applique en XY pour les autres facteurs (thermo, acido, alcali) X (piézo, halo, etc.)

Le concept d'extrêmophile fut élaboré à partir des travaux de microbiologistes qui eurent un rôle de pionnier en découvrant ces nouvelles espèces de microorganismes dans des milieux où toute trace de vie paraissait impensable. C'est le cas de Thomas Brock qui, à la fin des années soixante, découvrit les premières espèces se développant à des températures de l'ordre de 70 °C dans des sources thermales du parc national de Yellowstone aux États-Unis. En 1969, il isola en particulier *Thermus aquaticus* qui sera à la base de la découverte des ADN polymérases thermostables. À la même période, K. Horikoshi au Japon mit en évidence l'existence de microbes ne se développant qu'à des pH alcalins, passés presque totalement inaperçus auparavant. Puis, les microbiologistes allemands W. Zillig et K. Stetter donnèrent une impulsion déterminante à ces recherches. Ils explorèrent systématiquement les milieux extrêmes de la planète, avec une prédilection marquée pour le chaud et la mise en évidence d'espèces capables de survivre à 121 °C, température à laquelle sont effectuées les opérations de stérilisation courantes en laboratoire et dans l'industrie ! De 1980 à 2000, le laboratoire de K. Stetter isola plus de 50 espèces inédites appartenant à de nouveaux genres, voire de nouvelles familles. De ces travaux et de ceux consacrés à d'autres types d'environnements, émergea le concept d'extrêmophile. Les « extrêmophiles » étant des microorganismes qui se développent de manière optimale dans des conditions de milieux mortelles pour la quasi-totalité des autres espèces.

Les microorganismes vivant dans ces milieux originaux en termes de conditions physico-chimiques ont, au cours de l'évolution, développé des stratégies adaptatives très variées. Ils présentent, de ce fait, un répertoire de voies métaboliques et de biomolécules originales leur permettant non seulement de survivre dans des conditions spécifiques, mais de se développer, et souvent de manière optimale, dans ces niches écologiques. Les propriétés singulières de certaines de ces biomolécules ont alors très vite attiré l'attention des opérateurs des biotechnologies : chercheurs, ingénieurs et entreprises de tous secteurs. La biotechnologie des environnements atypiques a pour objectif de rechercher et d'exploiter ces nouveaux gisements de ressources naturelles en biomolécules, principalement les enzymes, les biopolymères et les métabolites secondaires. La nature et l'évolution ayant généré un répertoire très étendu de ces biomolécules, il peut paraître en effet logique de puiser dans ce répertoire lorsque les propriétés d'une biomolécule répondent au cahier des charges d'une application biotechnologique. Si l'adaptation au cahier des charges n'est que partielle, la biomolécule peut néanmoins servir de point de départ à un processus d'ingénierie visant à améliorer ses performances d'applications ou de modèle pour la synthèse chimique de produits innovants.

Quelques exemples d'environnements atypiques

L'exploration des environnements extrêmes sur Terre constitue une démarche de longue haleine, très partiellement réalisée à l'heure actuelle. Les principaux paramètres physico-chimiques pris en considération sont généralement la température, le pH, la teneur en eau, la pression et l'osmolarité du milieu extérieur. Ces paramètres peuvent agir isolément ou en combinaison de deux ou plus, définissant ainsi des niches écologiques extrêmes où se développent des espèces « polyextrêmophiles ». D'autres paramètres, comme la résistance aux rayonnements ionisants, sont parfois retenus comme relatifs à un environnement extrême. Une forte intensité en rayonnement ionisant n'est toutefois pas une condition indispensable au développement de souches radiorésistantes telles que *Deinococcus radiodurans*. On parlera, dans ce cas, de tolérance extrême.

Parmi les environnements extrêmes ou atypiques, on trouve les **sources thermales terrestres, hydrothermales côtières ou océaniques profondes,**

Exemples de sources hydrothermales profondes (campagne Bathyluck)

dont les températures peuvent, pour les premières, aller jusqu'à 100 °C et, pour les dernières, 350 °C dues aux pressions hydrostatiques rencontrées. Les sources thermales terrestres et côtières sont très répandues sur tous les continents dans les régions au volcanisme actif (Islande, Italie ou Yellowstone aux États-Unis). Les sources hydrothermales profondes océaniques sont majoritairement situées sur les dorsales médio-océaniques actives (dorsale médio-atlantique, ride Est-Pacifique) ou les sites arrière arcs actifs (Fidji, Okinawa, etc.) Ces sites sont les milieux de prédilection des bactéries thermophiles et des hyperthermophiles. De plus, de nombreuses sources présentent des pH acides, voire très acides, où se développent alors des bactéries acidophiles et/ou acido-thermophiles. Quelques rares sources hydrothermales présentent des pH alcalins qui supportent le développement de souches alcaliphiles ou alcali-thermophiles. Les sources hydrothermales les plus profondes connues (Ashadzé, 4 100 mètres) ont en outre permis d'isoler des souches se développant uniquement dans une gamme de pression de 20 à 120 mégapascals, qualifiées alors de piézophiles (ou barophiles) strictes.

Sources hydrothermales peu profondes près de l'île d'Ischia dans le golfe de Naples

Sources chaudes, parc national de Yellowstone, États-Unis

On y trouve également les **lacs de saumures et les marais salants** dont les concentrations en sel dépassent largement 5 % de chlorure de sodium. Ces écosystèmes sont les lieux de prédilection des espèces dites halophiles. Les lacs continentaux résultent de processus variés. Certains tels que la mer d'Aral sont des lacs continentaux en voie d'assèchement. D'autres, comme la mer Morte, sont issus d'un isolement tectonique (des eaux du golfe d'Aqaba pour la mer Morte) et subissent une salinisation progressive. Le lac Natron, situé au nord de la Tanzanie dans une dépression du grand rift africain, est une immense saline naturelle dont les eaux ont un pH très alcalin, de 9 à 10,5. De nombreux lacs continentaux, notamment dans les régions désertiques présentent cette même gamme de pH et hébergent des espèces alcali-halophiles. D'autres types de lacs de saumures sont présents dans des sites exceptionnels au fond de certaines mers comme la mer Noire, la mer Rouge, la Méditerranée ou le golfe du Mexique. Ces lacs se sont formés lors de la re-dissolution d'anciennes couches de sels de subsurface exposées à l'eau de mer à la suite d'accidents tectoniques ou lessivées par les fluides circulant en subsurface. Les compositions en sels de ces lacs peuvent être exceptionnelles, comme celle du lac Discovery au fond de la Méditerranée où la concentration en magnésium atteint 5 moles par litre. Les travaux effectués sur la chémoclyne de ce lac (zone de 1,5 mètre d'épaisseur faisant la transition entre l'eau de mer surnageante et la saumure du lac) démontrent la présence de vie jusqu'à une concentration de 1,7 mole par litre de magnésium. Aucun organisme issu de ce type de milieu n'a cependant pu être cultivé jusqu'à présent.

Site thermal de Dallol (Éthiopie). Les précipités blancs correspondent au sel, les jaunes à un mélange sel-soufre

Lac de saumure au fond de la Méditerranée Est

Mer de glace, océan Arctique

Le paramètre « température » détermine également un autre groupe d'extrêmophiles : les psychrophiles ou *Cold Loving Bacteria* (bactéries qui aiment le froid). Il regroupe les espèces de microorganismes ne se développant qu'à basse température, voire des températures légèrement négatives. Les milieux concernés sont les grands fonds océaniques, les zones de haute altitude en montagne et les zones polaires (Arctique et Antarctique).

Enfin, une autre frontière particulièrement intéressante est celle de la limite de la vie dans **les sédiments profonds du plancher océanique** qui, en certains endroits, en fonction de l'âge et de l'abondance de sédiments, peuvent atteindre 10 kilomètres d'épaisseur. Jusqu'en 1955, les chercheurs pensaient que la vie était impossible au-delà de 7 mètres de profondeur dans les sédiments. Grâce au projet international ODP (*Ocean Drilling Project*), les forages profonds ont mis en évidence la présence de groupes microbiens vivants jusqu'à des profondeurs de 1 600 mètres sous le plancher océanique. Les extrêmophiles correspondants (piézo-thermo ou piézo-hyperthermophiles), dont les signatures moléculaires ont été mises en évidence, n'ont toutefois pas pu être cultivés à ce jour. Les scientifiques s'accordent à penser que la biodiversité serait bien plus importante dans ces sédiments profonds qu'elle ne l'est dans tout autre écosystème. D'où le fort intérêt soulevé par l'exploration de ces sédiments profonds.

Mais d'autres espèces extrêmophiles restent probablement à découvrir dans des sites très difficiles d'accès, soit pour des raisons physiques (cas des lacs sous-glaciaires de l'Antarctique), soit à cause d'une instabilité politique chronique comme les sources salées, acides et chaudes du site de Dallol dans le triangle des Afars en Éthiopie où des halo-acido-hyperthermophiles pourraient être extraits.

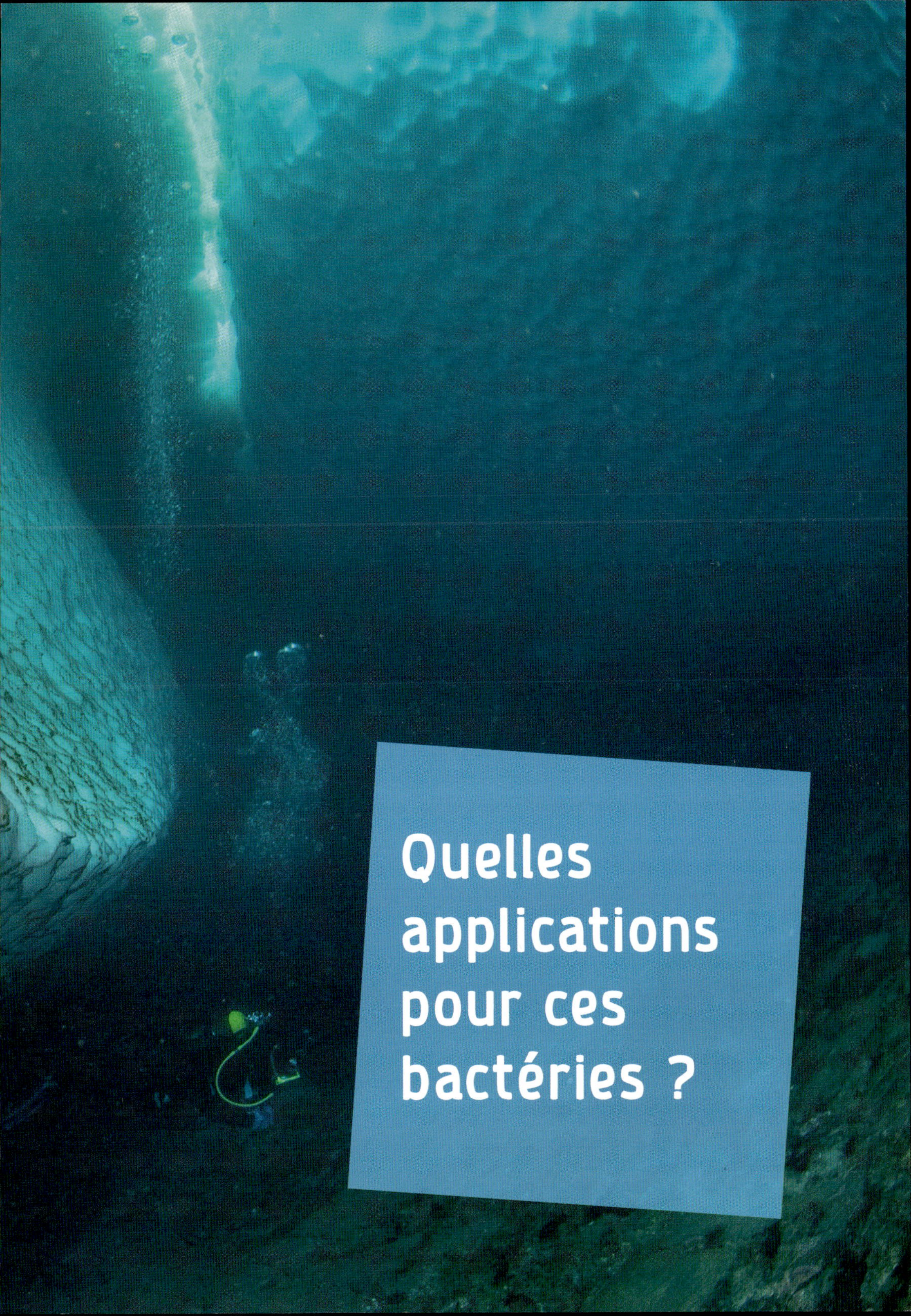

Quelles applications pour ces bactéries ?

Quelles applications pour ces bactéries ?

Savoir s'étonner à propos est le premier pas sur la route de la découverte
Louis Pasteur

Si ces organismes invisibles, dont la taille est souvent inférieure au micromètre (soit un millième de millimètre), étaient en réalité la source de nouvelles molécules, la réponse à des attentes sociétales (nouveaux médicaments, antibiotiques ou principes actifs), ou des approches nouvelles pour la protection et la préservation de notre environnement ?

Il y a aussi les polymères : PVC, polymères, biopolymères, Téflon, caoutchouc, polystyrène, matières plastiques, des termes familiers derrière lesquels se cache la notion de polymères synthétiques ou polymères dérivés de la pétrochimie. À l'opposé, il y a les biopolymères produits par des organismes vivants. Avantages ? Inconvénients ?

Page précédente
Vie sous la glace. La coloration est due à la présence de microorganismes.

Il n'est pas simple, voire même inutile, d'inventorier toutes les espèces microbiennes présentes dans les différents écosystèmes, tant par leur nombre que par leur représentativité. L'ensemble de la communauté des microbiologistes marins admet que moins de un pour cent des espèces microbiennes est cultivable, donc identifiable, avec les méthodes de microbiologie classique. Par ailleurs, la notion de « milieu de culture », mise en œuvre par ces mêmes méthodes, induit également celle de sélectivité.

Il en est de même pour la valorisation de ces microorganismes. La synthèse de métabolites d'intérêt biotechnologique peut parfois nécessiter une action spécifique amont quant à leurs conditions de croissance et/ou de fermentation. En d'autres termes, cette synthèse n'est toujours pas effective dans les conditions d'habitat naturel des microorganismes, elle doit être parfois initiée ou stimulée en laboratoire. C'est le cas des biopolymères bactériens – comme les exopolysaccharides et les polyesters – comme d'un grand nombre de métabolites secondaires.

Quant aux applications biotechnologiques des microorganismes, deux approches sont possibles, soit une utilisation directe du métabolisme bactérien – on considère la bactérie comme une « usine cellulaire » – (telles les enzymes endocellulaires et exocellulaires, la bioremédiation, la dégradation des pesticides, des hydrocarbures, la biolixiviation…), soit une production de biomolécules et de biopolymères – la bactérie devient une « usine de production ») *via* des procédés de mise en conditions de fermentation – (les lipides, les métabolites secondaires, les biopolymères dont les EPS (exopolysaccharides) et PHA (polyhydroxyalcanoates). À ces deux approches, une utilisation directe de la biomasse bactérienne et des constituants cellulaires (lipides de la membrane ou peptides présents dans la paroi) est nécessaire.

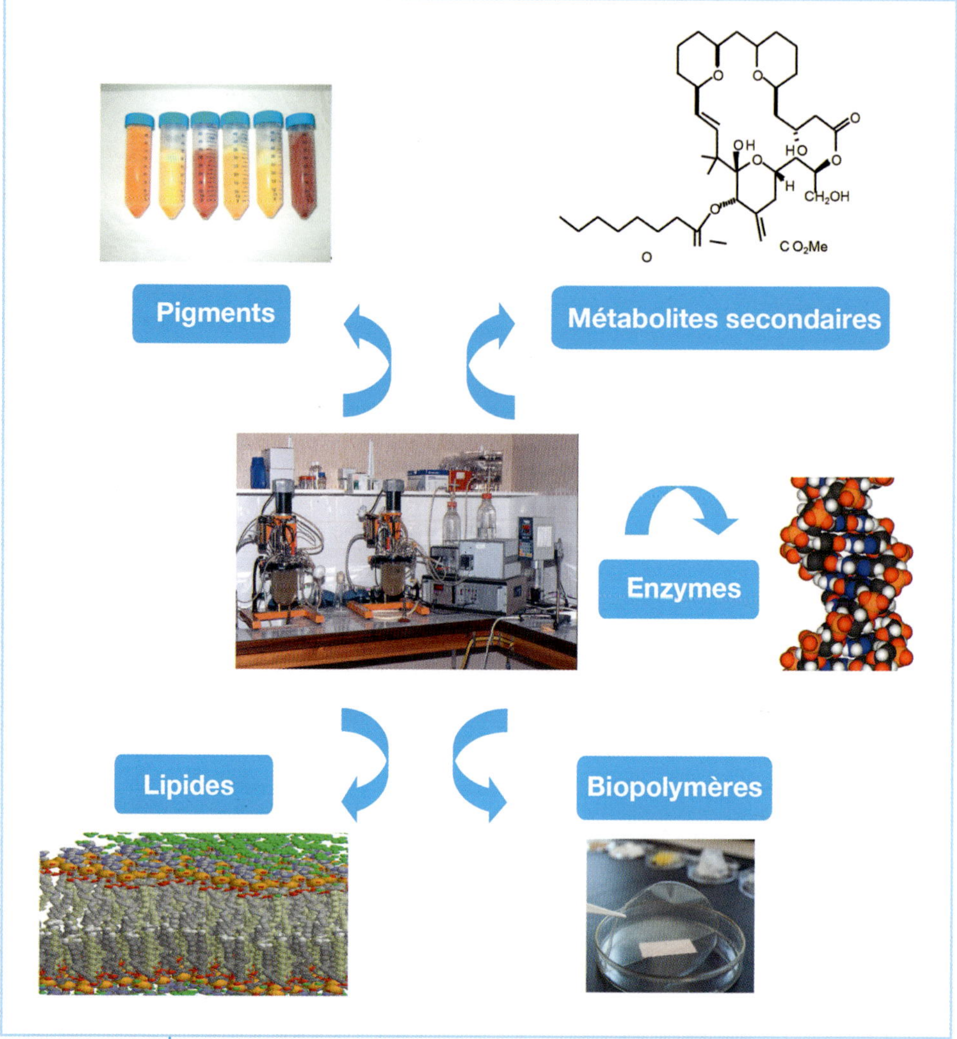

Les différentes opportunités d'exploitation biotechnologique des bactéries et molécules associées

Les molécules associées aux bactéries

Le nombre de molécules pouvant être synthétisées par des bactéries est considérable. Parmi elles, on trouve les métabolites secondaires, les biopolymères et les enzymes.

Les métabolites secondaires. Une très large panoplie, allant des antibiotiques, des vitamines, des précurseurs de vitamines et d'antibiotiques, aux alcools et acides organiques de bas poids moléculaire, stérols et autres. Les métabolites secondaires sont des composés produits par les organismes vivants (végétaux, animaux, microorganismes) en dehors des voies métaboliques strictement nécessaires qui assurent leur survie. On parle alors de métabolisme primaire favorisant les étapes essentielles de la vie. Ce sont aussi des substances de communication (signalisation, attraction, répulsion) ou de protection et défense contre la prédation par des organismes pathogènes. Les microorganismes (bactéries, archées...) peuvent produire, en culture contrôlée, ce type de molécules lorsque des conditions de stress leur sont soudainement imposées. La plupart de ces composés sont en général très actifs à de très faibles concentrations. Ils peuvent présenter un intérêt économique, voire une très haute valeur ajoutée, notamment comme molécules bioactives. C'est à partir de ces métabolites secondaires que sont principalement recherchées les molécules d'intérêt thérapeutique, les « médicaments de la mer ».

Les biopolymères au rang desquels il convient de citer les exopolysaccharides (EPS), les glycoconjugués, les glycoprotéines ou encore les protéoglycannes (molécules complexes comportant une partie « sucre »), les polyamines, poly-γ-glutamates et polyphosphates ainsi que les poly β hydroxyalcanoates (PHA), plus simplement dénommés polyesters biodégradables.

Les **constituants cellulaires** que sont les lipides complexes (sphingolipides, phospholipides, glycolipides, céramides, éthers de glycérol...), les protéines, les peptides, les lipopolysaccharides (LPS), etc.

Les enzymes (endo- et/ou exocellulaires), qu'il s'agisse d'enzymes de synthèse et/ou de modification.

Les métabolites secondaires : un avenir pour la santé

Un grand nombre de bactéries marines ont cette étonnante faculté d'adaptation à leur environnement. Ces microorganismes ont développé, au cours de l'évolution, des fonctions qui leur permettent de survivre à des changements parfois rapides de leur habitat d'origine, mais aussi à une compétition forte qui s'exerce dans le milieu. Cette adaptation à des conditions extrêmes, à des modifications physico-chimiques ou encore à des environnements hostiles, voire de survie dans un contexte de compétition vis-à-vis de nutriments, peut se traduire de différentes manières : soit par une modification de leurs constituants cellulaires et/ou de leurs voies métaboliques, soit par une production de molécules comme une réponse directe aux conditions rencontrées.

Lors de basses températures, certaines bactéries vont adapter la composition lipidique de leur membrane, en favorisant la synthèse d'acides gras polyinsaturés dont les oméga-3. Ceux-ci donnent à la membrane une plus grande flexibilité. À l'opposé, les archées thermophiles et hyperthermophiles vont favoriser dans leurs membranes, la synthèse de chaînes isoprénoides comportant des cycles ; ces derniers assurent alors une plus grande thermostabilité de la membrane. Autre exemple : les biofilms. Certaines bactéries, présentes au sein de biofilms, ont la capacité de produire, à de très faibles concentrations (de l'ordre de la nanomole, soit un millième de micromole !) des antibiotiques comme la violacéine, un composé qui induit la mort de cellules eucaryotes et empêche le développement de prédateurs sur les surfaces. Pour ces biofilms, on parle de détection de quorum ou *quorum sensing* ; cela signifie que ces biofilms sont dotés d'un ensemble de mécanismes régulateurs, dont la synthèse de molécules de communication ou de signalisation entre microorganismes (antibiotiques, antifongiques...) leur permet de contrôler des densités de population. La synthèse d'alcaloïdes et de terpènes constitue d'autres moyens de réaction des microorganismes à leur environnement. Les sidérophores sont essentiels à leur survie. Ces molécules, généralement peptidiques, possèdent un fort pouvoir chélateur du fer, en particulier du fer ferrique indispensable au fonctionnement de la cellule. Enfin, des toxines marines (ciguatoxines, saxitoxines, tétrodotoxines....) pourraient aussi avoir comme origine des bactéries marines.

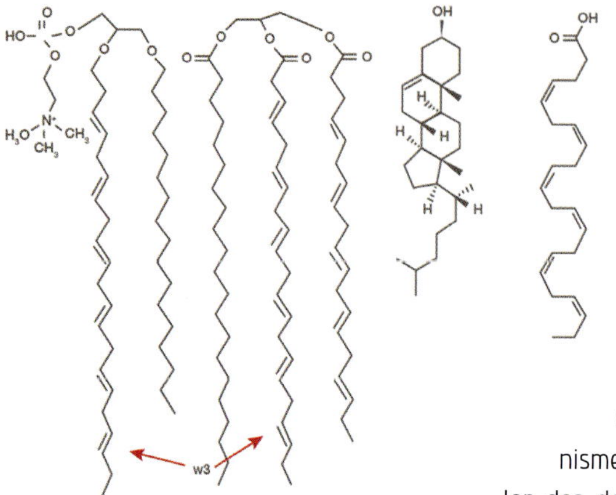

Lipides de bactéries avec présence de doubles liaisons. Dans la majorité des cas, les bactéries n'ont pas la capacité de synthétiser des acides gras polyinsaturés, à l'exception néanmoins de bactéries psychrophiles possédant des doubles réponses en oméga-3

Les biotechnologies marines vont exploiter cette capacité à réagir, à s'adapter aux environnements hostiles, en recherchant ces molécules de réponse et en essayant de comprendre leur mécanisme. C'est dans le secteur des métabolites secondaires que l'on fonde beaucoup d'espoirs pour la découverte de nouvelles molécules et de nouveaux médicaments. La très grande majorité des secteurs de la santé sont directement concernés par ces recherches médicales et pharmaceutiques (cardiologie, hématologie, ophtalmologie, régénération tissulaire, oncologie, recherche de anti-inflammatoires, antiviraux, antibiotiques, les antihypercholestémie, etc.). Beaucoup d'espoirs mais encore trop peu malheureusement de molécules en voie de développement. Les recherches sur les bactéries marines s'intensifient, et ce, quels que soient les écosystèmes. Les notions de milieux atypiques et de voies métaboliques nouvelles constituent une piste de recherche privilégiée.

Les polymères et biopolymères dans notre quotidien

Les polymères font partie de notre quotidien, il suffit de regarder autour de soi, voire sur soi, pour s'en rendre compte. D'un point de vue chimique, un polymère est une macromolécule constituée de monomères liés entre eux par des liaisons chimiques. Le nombre de monomères (unité monomérique) va déterminer ce que l'on appelle le degré de polymérisation du polymère (n), c'est-à-dire le nombre de fois où cette unité monomérique est répétée de manière identique dans le polymère.

La cellulose est la molécule organique la plus répandue sur notre planète

Histoire des biopolymères

La découverte des premiers biopolymères bactériens remonte au milieu du XIXe siècle avec les travaux de Louis Pasteur qui met en évidence un polymère de glucose (le dextrane) dans le vin. La bactérie responsable de cette synthèse est identifiée comme *Leuconostoc mesenteroides*. Le second polymère bactérien, la cellulose, est découvert vers 1886.
Fin du XIXe siècle-début du XXe siècle, est mise en évidence, et en parallèle à ces (exo) **polysaccharides**, la synthèse de polymères de réserve intracellulaires, comme les polyamides (cyanophycine chez quelques cyanobactéries) ou les polyesters chez *Bacillus mégatorium*. D'autres biopolymères sont ensuite identifiés et caractérisés avec des applications dans l'agroalimentaire et le médical (alginate, xanthane, dextrane, poly-γ-glutamate, polyphosphates). Pour certains d'entre eux, l'identification des voies métaboliques et des enzymes impliquées dans leur synthèse a permis de franchir une nouvelle étape pour leur développement, de contrôler et d'orienter leur production.

Un biopolymère des plus connus : la chitine extraite des crustacés

Exopolysaccharide bactérien d'origine marine

Polymères dérivés de la pétrochimie *versus* biopolymères

Si l'on exclut les notions essentielles de biodégradabilité, impact environnemental, biocompatibilité et autres propriétés spécifiques aux biopolymères (rien que cela !), ce sont naturellement les coûts de production qui constituent l'élément déterminant pour leur développement industriel. Ces coûts tiennent compte du rendement de production, du rapport rendement/source de carbone, du tonnage nécessaire (allant du kilogramme à plusieurs milliers de tonnes), et de l'ensemble des procédés dont les phases d'extraction-purification. La séparation de la biomasse bactérienne du milieu de culture par filtration ou centrifugation, les procédés d'extraction-purification propres à chaque type de biopolymères (solvants organiques, ultrafiltration, précipitation) et les caractérisations physico-chimiques, sont autant de technologies qui contribuent au coût de production élevé de ces polymères naturels. Le rapport peut être important, de 2 à 100, voire plus, d'où l'intérêt parfois d'utiliser ces biopolymères dans des marchés dits de niches, ou très spécifiques, en lien direct avec leurs propriétés intrinsèques. Dans un cas comme celui des polymères dérivés de la pétrochimie, le coût est étroitement lié au prix fluctuant du pétrole, tandis que dans celui des biopolymères, il est davantage lié au coût de la matière première, comme les sucres, les huiles végétales, le glycérol, etc.

Nombre de polymères usuels proviennent de la chimie de synthèse et de la pétrochimie. Les plus connus sont naturellement les PVC (polyvinyle chloride ou chlorure de polyvinyle), les polyesters, les polyacryliques, les polyoléfines comme le polyéthylène ou le polypropylène (PE et PP), les polystyrènes, les polyamides comme le Nylon, les polyfluoroéthylènes dont le Téflon, les polyuréthanes, les polycarbonates, etc. Les polymères possèdent des propriétés physico-chimiques indéniables qui leur assurent des applications dans tous les secteurs industriels. Ils présentent toutefois un inconvénient majeur, celui de ne pas être biodégradables. Le problème majeur de leur devenir et de leur impact sur l'environnement se pose.

À côté de ces polymères synthétiques, on trouve les polymères naturels ou biopolymères. Mais qu'est-ce qu'un biopolymère ? Un biopolymère peut être défini comme un polymère synthétisé par un organisme vivant. La cellulose végétale est le biopolymère le plus répandu sur notre planète. Les polysaccharides d'algues (alginates, carraghénanes...) sont couramment utilisés, notamment dans les domaines de l'agroalimentaire et de la santé. La chitine et son dérivé, le chitosane, avec son origine marine (crevette, crustacés...) font également partie des biopolymères les plus connus. Pour les biopolymères synthétisés par les bactéries, on peut citer les protéines, les peptides, les polyphosphates, les polyamines, et parmi ceux présentant un fort intérêt biotechnologique, les polysaccharides et les polyesters. Les chapitres suivants aborderont plus spécifiquement ces deux derniers types de biopolymères et indiqueront leurs principales pistes de valorisation.

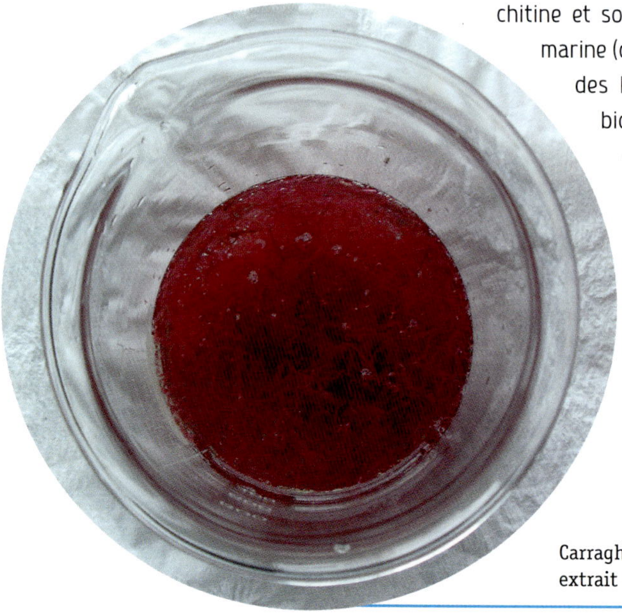

Carraghénane non purifié extrait d'une algue rouge

Principaux polymères bactériens et leurs domaines d'applications a) Microorganismes producteurs majeurs ; b) Applications les plus fréquentes				
Polymères	**Localisation cellulaire**	**Constituants majeurs**	**Exemples de microorganismes[a]**	**Exemples d'applications[b]**
Polysaccharides				
Glycogène	Intracellulaire	Glu	Bactéries et Archées	-
Alginate	Extracellulaire	ManA/GulA	*Pseudomonas* spp. *Azotobacter* spp.	Biomatériaux
Xanthane	id	Glu/Man/GluA	*Xanthomonas* spp.	Agroalimentaire, RAH
Dextrane	id	Glu	*Leuconostoc* spp.	Santé
Curdlane	id	Glu	*Agrobacterium* spp. *Rhizobium* spp.	Agroalimentaire
Gellane	id	Glu/Rham/GluA	*Sphingomonas* spp.	Microbiologie, agroalimentaire, encapsulation
Cellulose	id	D-Glu	Bactéries	Santé, acoustique...
Succinoglycane	id	Glu/Gal	Bactéries	RAH
Acide hyaluronique	id	GluA/ GluNAc	Bactéries	Cosmétiques, viscosupplémentation, vectorisation
Polyamides				
Cyanophycine			Cyanobactéries, *Acetinobacter* spp.	Hémisynthèse
Poly γ glutamate	Extra/ capsulaire		*Bacillus* spp.	Vectorisation, cosmétique
Poly-L-Lysine			*Streptomyces* sp.	Préservation semences, santé
Polyesters				
Polyhydroxy-alcanoates	Intracellulaire	Acides hydroxylés	Bactéries et archées	Biomatériaux, santé, Packaging
Polyphosphates	Intracellulaire	Phosphate	Bactéries et archées	-

Glu : Glucose ; Gal : Galactose ; Man : Mannose ; ManA : Acide Mannuronique ; GulA : Acide guluronique ; Rham : Rhamnose ; GluA : Acide glucuronique ; GluNAc : N acétyle glucosamine ; RAH : Récupération assistée des hydrocarbures (exploitation pétrolière)

Des sucres et des bactéries

Des sucres et des bactéries

Il faut toujours viser la lune, car même en cas d'échec,
on atterrit au milieu des étoiles...
Oscal Wilde

Exopolysaccharides (plus couramment dénommés EPS), quel nom barbare pour des polysaccharides ou polymères de sucres ! Beaucoup de bactéries en synthétisent à l'extérieur de leur cellule, d'où l'ajout du préfixe « exo ». Parfois bien visibles dans la nature, ils arborent deux faces : pile : côté négatif, face : côté positif. Mais pourquoi une telle synthèse ? Quels rôles jouent-ils pour ces bactéries ? Quels sont leurs propriétés ? Et puis surtout, à quoi peuvent-ils servir ? Ce chapitre parcourt quelques-unes des applications réelles ou potentielles, de l'agroalimentaire à l'exploitation pétrolière, sans oublier la santé, la cosmétique et l'environnement.

Page précédente
La crevette : une source de chitine.

Derrière ce terme barbare se cache la notion de « polymères de sucres ». Les polysaccharides peuvent être définis comme des macromolécules formées de l'enchaînement de motifs similaires (unité de répétition ou unité monomérique), en l'occurrence de glucides, encore appelés oses. Ces biopolymères sont produits par un grand nombre de bactéries et d'archées. Chez les bactéries, ces polysaccharides sont présents soit sur la paroi cellulaire comme constituant des lipopolysaccharides (LPS), soit à l'extérieur de la cellule, liés à cette même cellule (polysaccharide capsulaire ou CPS), soit relâchés dans le milieu sous forme d'exopolysaccharides (EPS). Le terme « exo » indique simplement une origine extracellulaire, c'est-à-dire un polymère présent dans le milieu, non constitutif de la cellule bactérienne elle-même.

Distribution des polysaccharides chez les bactéries (Gram - et Gram +). La différence essentielle entre ces bactéries est la présence de lipopolysaccharide (LPS) dans la paroi des bactéries Gram - (EPS : exopolysaccharide, CPS : polysaccharide capsulaire)

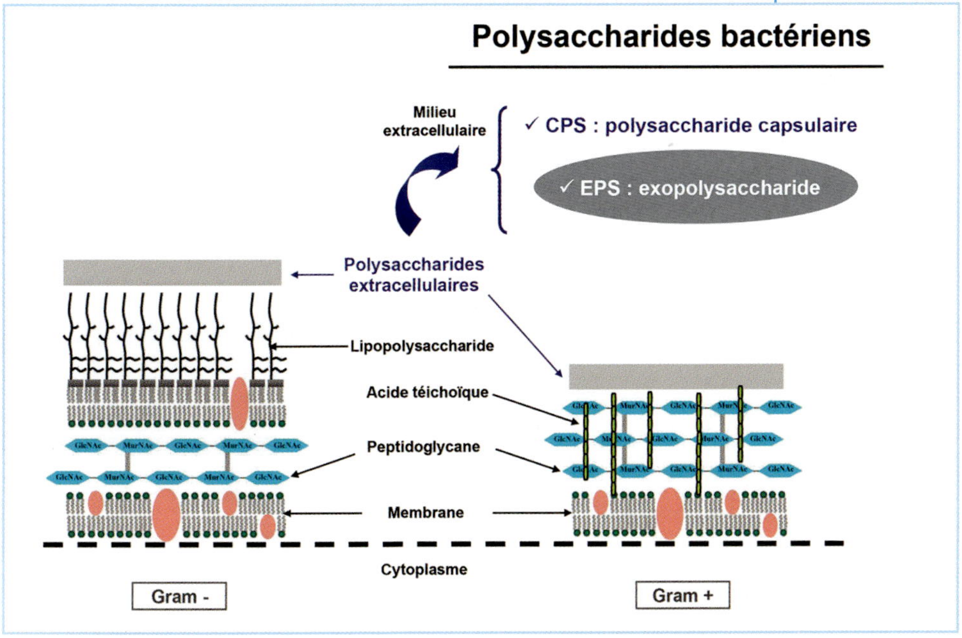

Les exopolysaccharides sont, sans nul doute, les plus intéressants du point de vue de leurs propriétés et de leur potentiel de développements biotechnologiques. Ils le sont également pour des raisons pratiques de procédés de récupération plus simples et mieux contrôlables. Outre une très grande diversité de composition chimique, propriétés physico-chimiques, rhéologiques et biologiques, ces polysaccharides présentent l'intérêt de pouvoir être produits à l'échelle industrielle, reproductibles et dans des conditions de réalité économique. La grande majorité de ces polymères de sucres sont des molécules de très haute masse moléculaire. Ils sont constitués d'oses : oses neutres comme le glucose, le galactose, le mannose, le rhamnose, le fucose, oses acides (acides uroniques) tels l'acide galacturonique, l'acide glucuronique, et d'oses portant une fonction amine (oses amines) comme la galactosamine ou la glucosamine. Cette diversité de sucres, la nature des liaisons associant ces oses entre eux (liaisons α ou β) et la présence de susbstituants organiques et inorganiques (acétate, pyruvate, lactate, sulfate...) offrent une large panoplie de structures monomériques (plusieurs dizaines de millions !), ce qui augure un très large spectre en termes de propriétés fonctionnelles et biologiques.

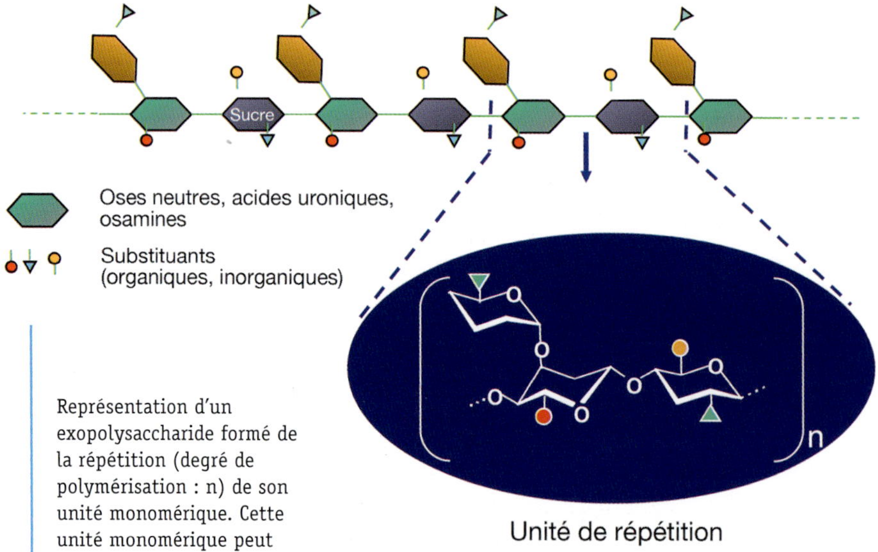

Représentation d'un exopolysaccharide formé de la répétition (degré de polymérisation : n) de son unité monomérique. Cette unité monomérique peut compter jusqu'à 8 à 12 oses

Biofilm bactérien présent sur les monuments du site Maya de Tulum (Yucatan, Mexique) exposé aux embruns marins, entraînant une dégradation de la pierre et du liant du fait de l'activité microbienne

Biofilm bactérien près d'une source d'eau chaude (parc national de Yellowstone, États-Unis)

Non, il ne s'agit pas de rouille mais bien d'un biofilm bactérien ! Ces microorganismes utilisent le fer ferreux présent dans le milieu pour l'oxyder en fer ferrique et provoquer la formation d'un biofilm constitué d'exopolysaccharides (EPS) et d'oxydes de fer

Ces biopolymères sont naturellement présents, parfois même très visibles, dans la nature. Ils constituent une part importante des biofilms et jouent un rôle majeur dans la survie des bactéries, en influençant leur environnement physico-chimique. Ils y remplissent plusieurs fonctions : celle d'une barrière physique pour lutter contre la phagocytose ou la dessication, celle d'une protection effective contre les basses ou hautes températures ou la salinité. Dans des environnements froids comme l'Arctique ou l'Antarctique, par leur présence autour de la cellule bactérienne, ils peuvent assurer une fonction cryoprotectrice. Dans des environnements hydrothermaux caractérisés par des concentrations en métaux extrêmement élevées, ces biopolymères protègent les microorganismes de leur toxicité en les piégeant et en les retenant dans une matrice polysaccharidique complexe. Ils constituent ainsi une protection vis-à-vis d'éléments organiques et inorganiques toxiques. Ils peuvent avoir aussi une fonction essentielle dans les processus d'interactions et de reconnaissances cellulaires. Mais pour ces exopolysaccharides, il y a surtout, et parmi les fonctions les mieux décrites, celle d'assurer la fixation irréversible des microorganismes sur les surfaces exposées en milieu naturel. En cela ils favorisent la formation et le développement d'un voile biologique (biofilm), en concentrant et piégeant la matière organique et les oligo-éléments nécessaires à la croissance des bactéries.

Biofilm complexe formé sur un échangeur thermique en alliage de cuivre

Biofilm dans une source chaude (parc national de Yellowstone, États-Unis). Noter la présence de longs filaments constituant le biofilm

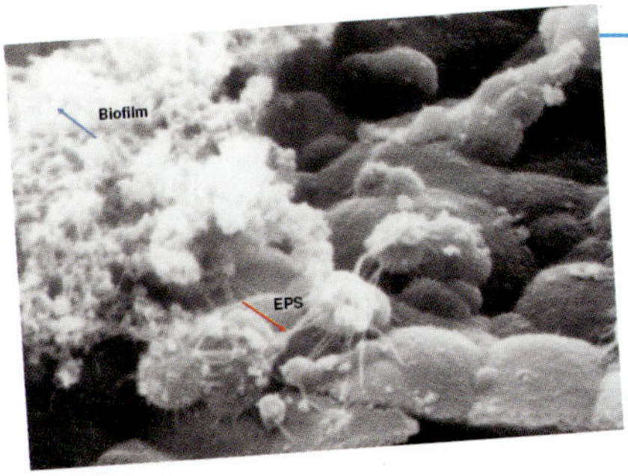

Production d'exopolysaccharides (EPS) par une bactérie marine entraînant la formation d'un biofilm sur un dépôt de carbonate de calcium (pH de surface alcalin, > 9). Les EPS (flèche rouge) conduisent à la formation du biofilm (flèche bleue), constitué de cette matrice polysaccharidique

Biofilm bactérien près d'une source hydrothermale profonde

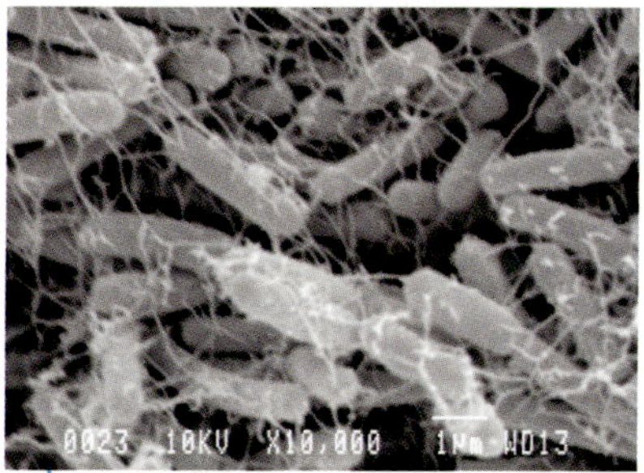

Réseau créé par la synthèse de polysaccharides par des bactéries

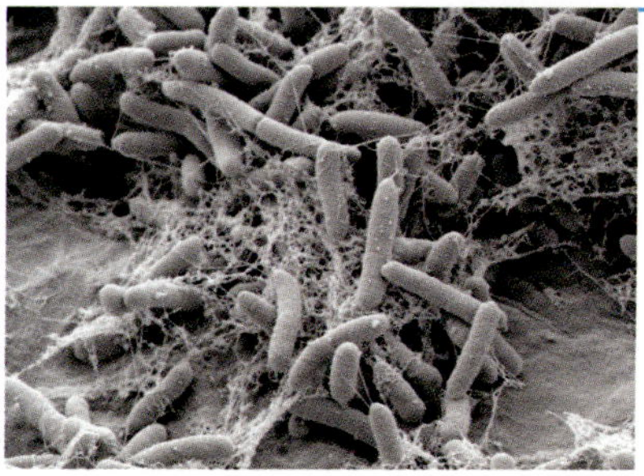

Pellicule liquide-air d'une souche de *Pseudomonas fluorescens*, productrice d'une matrice polysacharidique. Image réalisée par microscopie électronique à balayage (MEB)

Développement d'une colonisation bactérienne sur un acier Inox 316L. Visualisation de la colonie par épifluorescence

Ce voile biologique, appelé biofilm, est très souvent la première étape de séquences qui vont conduire à la formation, en milieu marin, du *micro*- et *macro-fouling*. Tous les plaisanciers connaissent ce problème de macro-salissures (*fouling*) avec le nécessaire rituel du nettoyage annuel et de l'utilisation de peintures et de revêtements dits *antifouling*. Mais il existe bien d'autres conséquences négatives à la présence de ce biofilm, comme la perte de transfert thermique sur des échangeurs, la résistance à l'écoulement du fluide, ou encore l'initiation de phénomènes de corrosion, plus connus sous le terme de MIC (*Microbially Induced Corrosion* ou corrosion induite par les microorganismes).

Macrofouling présent sous la coque de bateaux de plaisance. Carénage annuel obligatoire !

Enfin, la notion de bactéries est souvent associée à celle de problèmes de santé, (caries dentaires, contaminations, infections, maladies). Les infections nosocomiales sont au centre des préoccupations du milieu hospitalier, elles restent la cause de nombreux décès chaque année. Selon l'Organisation mondiale de la Santé, et rien que dans l'Union européenne, près de 25 000 patients décèdent chaque année à la suite d'une infection bactérienne d'origine nosocomiale. Les infections dues aux bactéries résistantes constituent donc un grave problème sur les lieux des soins médicaux (d'où la nécessité précédemment évoquée, de trouver de nouveaux antibiotiques). Elles provoquent des infections mortelles pour la circulation sanguine et les plaies, les pneumonies et autres maladies. Ces infections sont souvent liées à la présence de biofilms qui favorisent le développement des microorganismes pathogènes et peuvent rendre moins efficaces certains traitements médicamenteux par leur effet barrière.

Corrosion induite par des bactéries thiooxydantes ($pH < 2$ via une production localisée d'acide sulfurique)

Oublions le côté négatif des exopolysaccharides bactériens et des biofilms, et découvrons ensemble à présent leur utilité par l'exploitation intelligente de leur diversité chimique au profit de très nombreuses applications. Depuis de nombreuses années, l'intérêt pour les polysaccharides bactériens est grandissant. Intérêt pour leur diversité de composition chimique, leurs propriétés rhéologiques (pouvoir gélifiant, épaississant, émulsifiant, stabilisant, hydratant), chimiques (piégeage de métaux lourds, terres rares ou composés organiques), ou encore biologiques, (immunomodulatrices, anticancéreuses, anticoagulantes, anti-inflammatoires, régénérations dermique et osseuse).

Corrosion liée à la présence d'un biofilm sur une soudure. Corrosion initiée au niveau de la zone thermiquement affectée (ZAT)

Le plus connu des exopolysaccharides bactériens n'est pas marin et reste sans conteste le xanthane, produit industriellement (environ 100 000 tonnes par an) depuis de nombreuses années par une bactérie *Xanthomonas campestris* pv. *campestris*. Cet exopolysaccharide est encore connu, au niveau des formulations alimentaires, sous le Code européen E415. Mais d'autres polysaccharides, également non marins, connaissent aussi des développements dans différents secteurs industriels comme le gellane (Code E417) biosynthétisé par *Sphingomonas paucimobilis*, le dextrane *(Leuconostoc mesenteroides)*, le succinoglycane (*Agrobacterium radiobacter*), le curdlane (*Agrobacterium* spp., *Rhizobium* spp.), le wellane, le rhamnane, les alginates (*Azetobacter vinelandii*, *A. chroococcum*, *Pseudomonas* spp.), les celluloses bactériennes (*Acetobacter* spp.), les cyclodextrines (*Bacillus* spp.), les pullulanes (*Aureobasidium pullulans*), l'héparine (*Escherichia coli*, sérotype K4 et K5) et l'acide hyaluronique. Ces deux derniers polysaccharides (héparine et acide hyaluronique) occupent des positions particulières dans le domaine de la santé, notamment l'héparine de bas poids moléculaire comme anticoagulant ou l'acide hyaluronique comme biomatériau ou hydrogel (produits de comblement et de visco-supplémentation ou favorisant la cicatrisation).

Mais force est de constater que très peu d'exopolysaccharides bactériens d'origine marine ont connu, à ce jour, un développement industriel. Pourtant, considérant la biodiversité marine, le nombre de structures possibles, et donc de propriétés fonctionnelles, il est facile d'imaginer les applications des biopolymères marins dans beaucoup de secteurs industriels dont celui de la santé (propriétés biologiques intrinsèques mais aussi de vectorisation de principes actifs), de la cosmétique (propriétés physico-chimiques et biologiques) et de l'exploitation pétrolière et l'environnement (propriétés physico-chimiques et rhéologiques).

Les exopolysaccharides et l'agroalimentaire

Peut-on envisager des applications pour ces polymères bactériens dans le domaine de l'agroalimentaire ? En théorie oui, considérant les propriétés rhéologiques de ces biopolymères, (pouvoir stabilisant, gélifiant, émulsifiant ou encore épaississant), des propriétés recherchées dans le secteur de l'industrie. Un grand nombre de polysaccharides bactériens d'origine marine possède des propriétés rhéologiques, comparables, voire supérieures, à celles du xanthane ou du gellane, mais il est difficile à l'heure actuelle d'envisager leur développement pour ce seul secteur industriel. La raison est principalement économique car les coûts de production des biopolymères marins reste actuellement sans commune mesure avec ceux du xanthane et autres polysaccharides.

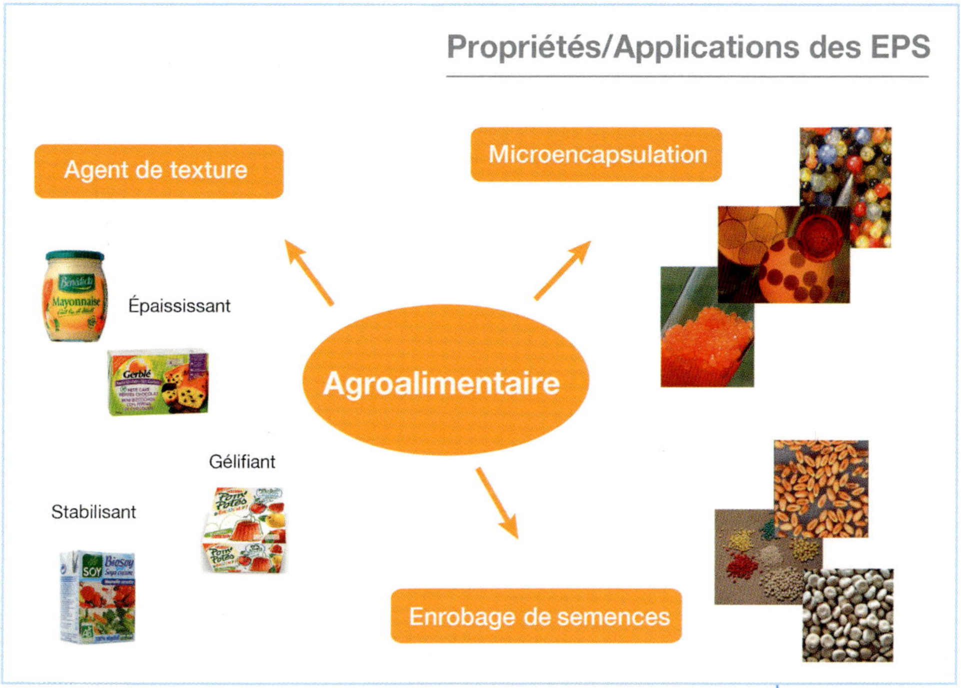

Potentiel des exopolysaccharides dans différents domaines de l'agroalimentaire.
Les applications des EPS bactériens dans l'agroalimentaire sont essentiellement basées sur leurs propriétés rhéologiques

Les exopolysaccharides et la santé

Le potentiel des exopolysaccharides bactériens et de leurs dérivés pour des applications en santé humaine est très large, allant du simple dispositif médical à la molécule thérapeutique, en passant par les biomatériaux et la vectorisation de principes actifs. L'acide hyaluronique bactérien en est un bon exemple avec des applications en chirurgie ophtalmologique, chirurgie esthétique et médecine régénératrice. Le dextrane et la cellulose bactérienne sont également couramment utilisés en médecine. Les alginates bactériens ont des applications connues notamment chez les jeunes enfants pour des problèmes de reflux gastro-oesophagien. Quant à l'héparine, il s'agit tout simplement de la molécule la plus utilisée pour ses propriétés anticoagulantes !

Les sucres jouent un rôle essentiel dans l'organisme, participant aux communications entre cellules et au fonctionnement du système immunitaire, luttant contre certains organismes pathogènes, et pouvant freiner la progression de certains cancers. Il est donc évident qu'ils constituent une cible privilégiée pour le développement de nouveaux médicaments et approches thérapeutiques. Cette notion de glycobiologie, de « sucre-médicaments », et l'utilisation de polysaccharides natifs et/ou modifiés, apparaissent comme un axe de recherche de plus en plus exploré par le monde médical et par la recherche pharmaceutique. Il en est de même pour les glycoconjugués, composés associant une partie « carbohydrate » à une partie protéinique ou lipidique. Les progrès récents dans le domaine de l'ingénierie des microorganismes permettent en outre d'améliorer la production et la qualité de ces molécules osidiques. Certains de ces sucres, ou enzymes associées, sont soit déjà commercialisés (Cerezyme®, Fabrazyme®, Vancocine®) soit en phases clinique I, II et III (Vevesca OGT 918 Vaccin GMK), Bimosiamose (II), GCS-100 (I), PI-88 (I et II), etc.).

Potentiel des exopolysaccharides dans différents domaines de la santé

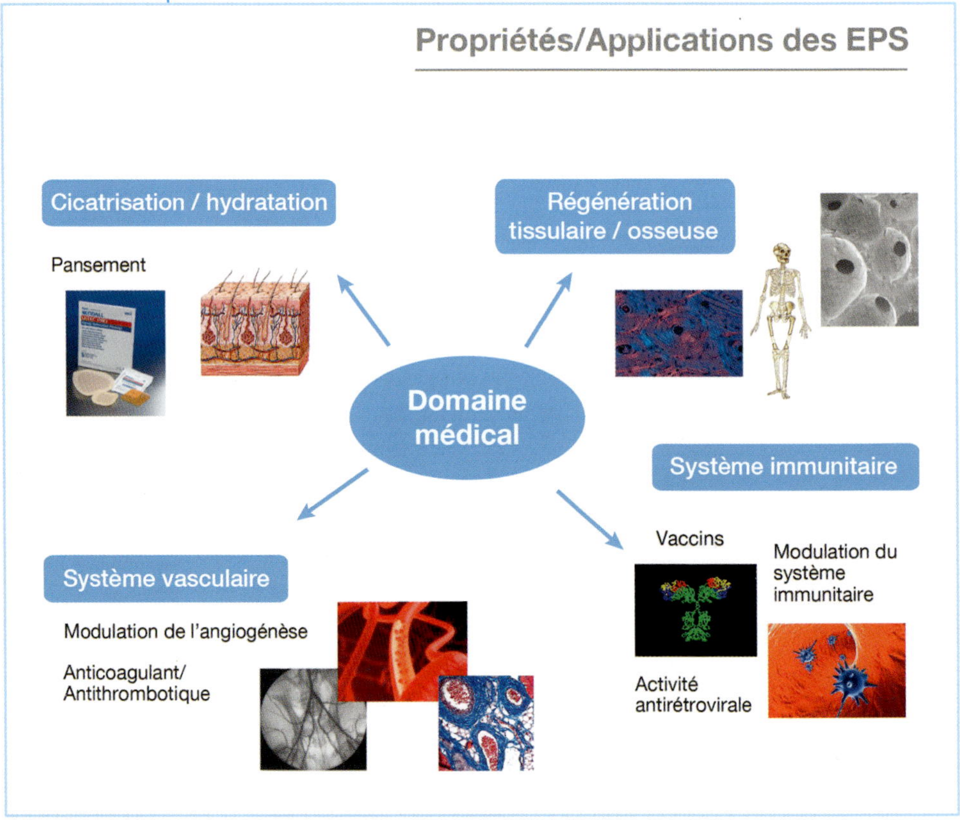

Une autre application pourrait se trouver dans la vectorisation d'oligo-éléments (fer, magnésium) et vitamines, ou au contraire, celui du traitement de certaines pathologies comme l'hémochromatose. Les hémochromatoses se caractérisent par une surcharge de fer dans l'organisme. En cas de contre-indication à des traitements existants, des chélateurs de fer, comme les exopolysaccharides, pourraient être envisagés.

Les exopolysaccharides en cosmétique et dermo-cosmétique

Il s'agit d'un secteur économique en forte croissance, correspondant à une demande sociétale évolutive. La cosmétologie/dermo-cosmétologie est un domaine toujours en quête de molécules innovantes, tant pour leur « histoire » et origine, que pour leurs propriétés physico-chimiques et leur efficacité. Le milieu marin se présente alors comme un domaine de recherche tout à fait en adéquation avec l'ensemble de ces critères.

Parmi les produits les plus recherchés, il y a naturellement les molécules « anti-âge » (agents hydratants, raffermissement de la peau, lissage, anti-rides, réparation cellulaire, régénération des cellules dermiques, protection contre les UV, etc.). D'une manière plus générale, il s'agit de molécule répondant à la volonté affichée des consommateurs d'un meilleur bien-être passant en premier lieu, par l'apparence physique et l'entretien du corps (*Forever young !*). Dans les pays industrialisés, cette tendance a débuté auprès des « baby boomers » de l'après-guerre mais se poursuit maintenant, et de plus en plus, avec les nouvelles générations. Ces produits « anti-âges » comprennent les vitamines (pour plus de 50 % de ce marché : vitamines A, B5, C et E), mais aussi les polysaccharides (acide hyaluronique, chitosane et glucanes) pour plus de 20 %. À ces produits majoritaires, il convient d'ajouter les peptides et protéines, les enzymes et co-enzymes, les extraits naturels et d'autres produits comme les hydroquinones, amino-acides, etc. À cet énorme marché vient également s'adjoindre celui des systèmes de délivrance et libération contrôlée des actifs cosmétiques sous forme de nanoparticules, nanoémulsions, microcapsules et millicapsules, ainsi que les patchs. D'autres pistes de développement sont envisageables qui utiliseraient la propriété de polysaccharides à fixer certains ions spécifiques (argent, cuivre, zinc et titane) intervenant par exemple dans le traitement de l'acné ou autres affections dermiques.

Avez vous entendu parler de l'acide hyaluronique ?

L'acide hyaluronique, difficile de l'ignorer tant les médias l'encense ! Ce composé est partout à l'affiche, dans la presse comme dans l'audiovisuel. L'industrie de la cosmétique avec le syndrome du « Toujours jeune », en vante régulièrement les propriétés. Mais qu'est-ce que l'acide hyaluronique ? D'où vient-il ? Quelles sont ses propriétés et quelles sont ses principales applications ?

Du point de vue de la chimie, l'acide hyaluronique n'est autre qu'un polymère de « sucre », c'est-à-dire la répétition (de 100 fois à plus de 10 000 fois) d'une unité répétitive (le monomère) composée de deux sucres, un acide glucuronique lié alternativement par des liaisons osidiques avec de la glucosamine possédant un groupement N acétylé.

Ce polymère a été découvert en 1934 dans l'humeur vitrée des bovins et tire son nom (hyal-uronique) du grec « hyalos » qui signifie verre ou vitreux. D'un point de vue industriel, ce polymère a été, dans un premier temps, extrait à partir des crêtes de coq. Il est à présent produit par fermentations bactériennes (ex : *Streptococcus* sp., *Streptococcus zooepidermicus*, *Bacillus* sp., *Lactococcus lactis*, *Agrobacterium* sp., et même *Escherichia coli*). Cela génère un impact environnemental relativement faible, le fait important de pouvoir revendiquer une origine non-animale, une meilleure reproductibilité et une meilleure gestion des coûts de production.

L'acide hyaluronique (ou hyaluronane pour se conformer à la nomenclature en application pour les polysaccharides tels le xanthane, le gellane, le dextrane...) est présent pour plus de 50 % dans notre peau (derme et épiderme), principalement sous sa forme sodée (sel de sodium ou hyaluronate de sodium), où il joue un rôle essentiel dans le mécanisme de rétention d'eau, c'est-à-dire dans le maintien de son degré d'hydratation. L'acide hyaluronique est capable de retenir plusieurs centaines de fois son poids en eau !, ce qui en fait l'une des molécules naturelles les plus **hydrophiles** (*Water-Loving Molecule*) que l'on puisse trouver dans la nature. D'où son utilisation en cosmétique où pour cette application, on parle également de « produit de comblement ». Mais il est aussi connu pour son pouvoir de piégeage des radicaux libres, comme ceux générés par le soleil et les radiations UV, protégeant ainsi la peau des fortes agressions.

Rien d'étonnant donc à ce que les principales applications de l'acide hyaluronique se soient rapidement retrouvées dans le domaine de la cosmétique et de la chirurgie réparatrice (traitement des brûlures et des ulcères). Ce biopolymère représente un tonnage annuel supérieur à 15 tonnes ! En 2011, plus de 100 produits revendiquaient ces différentes propriétés, dont plus de 50 % contenaient de l'acide hyaluronique. En constante progression, ce gigantesque marché pourrait atteindre, dans les années à venir, quelques milliards d'euros !

Mais l'acide hyaluronique n'est pas uniquement — et loin s'en faut — un produit de cosmétique. Son autre application majeure, utilisée par un nombre croissant de patients, est celle du traitement de l'arthrose. Plus

de 20 millions de personnes à travers le monde seraient concernées par les problèmes d'arthrose, du genou en particulier. Ces problèmes handicapants sont souvent liés à une diminution de la qualité et de la quantité d'acide hyaluronique présent dans le liquide synovial des articulations. Ces modifications qualitatives et quantitatives vont altérer les propriétés d'amortissement des chocs du liquide synovial, et par là même, celle de la protection des cartilages. Rien de surprenant alors que les médecins préconisent des traitements de viscosupplémentation à base d'injections d'acide hyaluronique aux patients souffrant de cette pathologie.
D'autres applications vont se retrouver en ophtalmologie où l'acide hyaluronique peut assurer différentes fonctions (vectorisation de principes actifs, pouvoir filmogène, humidité de l'œil), en dermatologie où il favorise la reconstruction du derme notamment *via* une utilisation sous forme d'hydrogel. et dans le domaine cardio-vasculaire. Il peut être préconisé dans tous domaines où ses propriétés anti-adhésives vis-à-vis de bactéries pathogènes vont être bienvenues. Cela sera le cas pour lutter contre l'adhésion bactérienne au niveau de cathéters, implants dentaires et lentilles oculaires. Comme il est facile de le constater, ce polymère de sucre présente de nombreuses qualités auxquelles il convient d'ajouter une biodégradabilité et une biocompatibilité. D'où le fort intérêt qu'il suscite encore. Des améliorations sont toutefois nécessaires pour répondre à ces demandes. Cela est notamment vrai pour l'obtention de produits possédant une masse moléculaire homogène et reproductible, celle-ci étant responsable des propriétés rhéologiques de ce biopolymère.
La production de ce composé est le résultat de fermentations par des bactéries dont certaines présentent un caractère de pathogénicité, ou peuvent poser des problèmes secondaires de purification comme la présence d'endotoxines résiduelles. Bien que des progrès très significatifs aient été faits en ce domaine, garantissant ainsi la qualité des produits, il existe toujours, tant pour la cosmétique que pour le secteur médical, un intérêt grandissant pour la découverte de nouvelles sources bactériennes d'acide hyaluronique ou d'homologues à ce polysaccharide. Cette recherche d'alternative aux productions actuelles repose sur la volonté des principaux acteurs à garder le *leadership* en ce domaine mais également à se singulariser, notamment au niveau de la source bactérienne.

Distribution des produits naturels
en cosmétique et dermo-cosmétique

Bien que la classe des polysaccharides soit déjà bien représentée en cosmétique et dermo-cosmétique, la demande persiste pour de nouvelles molécules caractérisées par la diversité de leurs provenances, l'originalité des unités saccharidiques et de leurs propriétés physico-chimiques, biologiques et rhéologiques, permettant d'envisager des applications sous des formes galéniques variées.

Potentiel des exopolysaccharides en cosmétique et dermo-cosmétique

Les algues (brunes, rouges et vertes) constituent actuellement la principale ressource de polysaccharides en cosmétologie. D'autres sources sont actuellement évaluées pour leurs potentialités et avantages (non dépendance vis-à-vis d'aléas environnementaux, climatiques ou même géopolitiques). Au titre de ces nouvelles opportunités, on retrouve tout naturellement les microorganismes comme sources d'exopolysaccharides bactériens originaux (EPS). La durée de vie approximative (en termes de marché et commercialisation) de ces nouveaux produits se situe généralement entre 3 et 5 ans ; elle induit une recherche constante de nouvelles molécules et pistes de valorisation. Mais leur développement en cosmétologie doit tenir compte de l'évolution probable de la législation quant à l'utilisation de produits naturels, la disponibilité de la ressource, la facilité de mise en œuvre et, naturellement, leur coût de production.

Les exopolysaccharides et l'environnement

Une autre application qu'il est possible d'entrevoir pour ces exopolysaccharides bactériens, est celle liée à leur nature chimique et à la présence, dans leur structure, de ce que l'on appelle des fonctions chélatrices, en d'autres termes des fonctions chimiques favorisant la fixation des ions métalliques. Il faut ici se rappeler que dans le milieu marin, les exopolymères, dont les exopolysaccharides produits par les microorganismes, jouent un rôle fondamental dans la fixation des ions métalliques et contribuent à leur transfert dans la chaîne alimentaire. Ils peuvent également assurer, au sein d'un biofilm, un rôle protecteur de la cellule bactérienne vis-à-vis de métaux toxiques. D'un point de vue biotechnologique, il n'y a donc rien de surprenant à considérer ces mêmes biopolymères comme des outils d'élimination (biodétoxification) et/ou de récupération de ces ions toxiques. Le challenge est d'importance car il concerne les pollutions inorganiques des sols, rivières, fleuves, tout écosystème contaminé par les métaux lourds et toxiques. Ces biosorbants naturels se présentent comme une alternative intéressante à d'autres procédés plus classiques, comme l'utilisation de charbon actif, de résines de synthèse, l'osmose inverse, l'ultrafiltration, la floculation, les traitements électrochimiques, des approches parfois efficaces mais également onéreuses et sans une spécificité souvent requise. Des résultats intéressants ont déjà été obtenus en laboratoire sur un certain nombre de souches marines (voir sources hydrothermales et tapis microbiens), mais la difficulté reste toujours le transfert de ces résultats et protocoles aux conditions rencontrées sur les sites contaminés. La notion d'ingénierie des polymères revêt, ici, toute son importance *via* une modification possible de ces biopolymères, solubles dans l'eau, ou encore leur immobilisation sur des supports minéraux. Mais compte tenu du challenge posé par les contaminations, l'approche apparaît comme une piste intéressante pour développer ce type de biopolymères.

À l'opposé de la notion de biodétoxification, il y a, en utilisant cette même propriété de rétention des ions métalliques, celle de la récupération spécifique de métaux critiques dits aussi stratégiques (dont le lithium, l'antimoine, le béryllium, le cobalt, la fluorine, le gallium, le germanium, le graphite, l'indium, le magnésium, le niobium, les platinoïdes, le tantale, le tungstène) ou encore les terres rares. Ces dernières, peu présentes en Europe mais surtout en Chine qui en assure 95 % de la production, font l'objet d'une forte demande tirée par les produits high-tech (écrans plats, capteurs, systèmes audio, disques durs,

Biofilm coloré près d'une source hydrothermale profonde

fibres optiques…), l'automobile, l'aéronautique, la défense (pots catalytiques, piles à combustible, alliages…), les applications médicales (agents de contraste pour l'IRM, lasers, radiothérapie) et les technologies « vertes » (génératrices d'éoliennes, ampoules basse consommation, batteries pour véhicules électriques, panneaux solaires à couches minces). Selon les circonstances, on peut faire appel à l'hydrométallurgie, une technique d'extraction des métaux où le métal est solubilisé pour permettre sa récupération. La capacité des biopoly-

mères à séquestrer des métaux, parfois de manière spécifique, peut prendre son importance dans la recherche des métaux stratégiques (voir aussi biolixiviation).

La dégradation des hydrocarbures, notamment celle des hydrocarbures polyaromatiques (HPA) toxiques, est un autre problème majeur dans le milieu naturel. Un certain nombre de microorganismes, par leur métabolisme et leur capacité à utiliser directement les HPA comme sources de carbone, participe à leur dégradation. Celle-ci peut aussi être facilitée par la production et l'utilisation *in situ* et *ex situ* d'exopolymères, dont les exopolysaccharides et les biosurfactants, qui favorisent l'accès à ces composés organiques. La problématique est la même pour l'exploitation minière où la production *in situ* d'exopolysaccharides facilite l'attachement des bactéries aux minerais et *de facto* leur processus de dissolution (voir biolixiviation).

Enfin, il y a le pouvoir de piégeage de la matière organique (polluants) et inorganique (métaux lourds) *via* la formation et la gestion contrôlée de biofilms bactériens dont les exopolysaccharides en sont souvent les constituants majoritaires. Les biofilms se transforment alors en biofiltres avec les avantages de stabilité et de résistance qu'ils présentent aux variations environnementales. Des expérimentations ont été menées avec succès en utilisant des tambours rotatifs et des biofilms créés sur les surfaces ; ces biofilms fixent alors les éléments indésirables de l'eau circulante entrante. Toutefois, ce qui est validé au stade expérimental peut l'être plus difficilement en conditions réelles, le passage à une échelle industrielle posant encore souvent des problèmes logistiques et économiques.

Les exopolysaccharides et l'exploitation pétrolière

La demande en énergie et en produits pétroliers est en constante augmentation à travers le monde alors que les réserves de pétrole brut s'appauvrissent, particulièrement en Europe. Une des utilisations possibles des exopolysaccharides concerne l'exploitation pétrolière, et plus spécialement, pour ce que l'on appelle la récupération assistée du pétrole (hydrocarbures ou huiles, RAP ou RAH). Cette technologie, de plus en plus recherchée, permet de produire des pétroles difficilement exploitables. C'est pourquoi, il y a quelques années, plusieurs gisements importants aux États-Unis et en Europe sont ainsi restés inexploités car leur exploitation n'était pas, ou plus, rentable. En production pétrolière, on estime que près des deux tiers des hydrocarbures subsistent dans les réservoirs après les procédés de récupération dits primaires et secondaires. Pour les seuls États Unis, cette ressource non exploitée représente plus de 370 milliards de barils de pétrole. Le procédé de

Consommation pétrolière et évolution pour les prochaines années. La production utilisant la récupération assistée des hydrocarbures (RAH) (en vert sur la figure) pourrait quadrupler dans les prochaines années

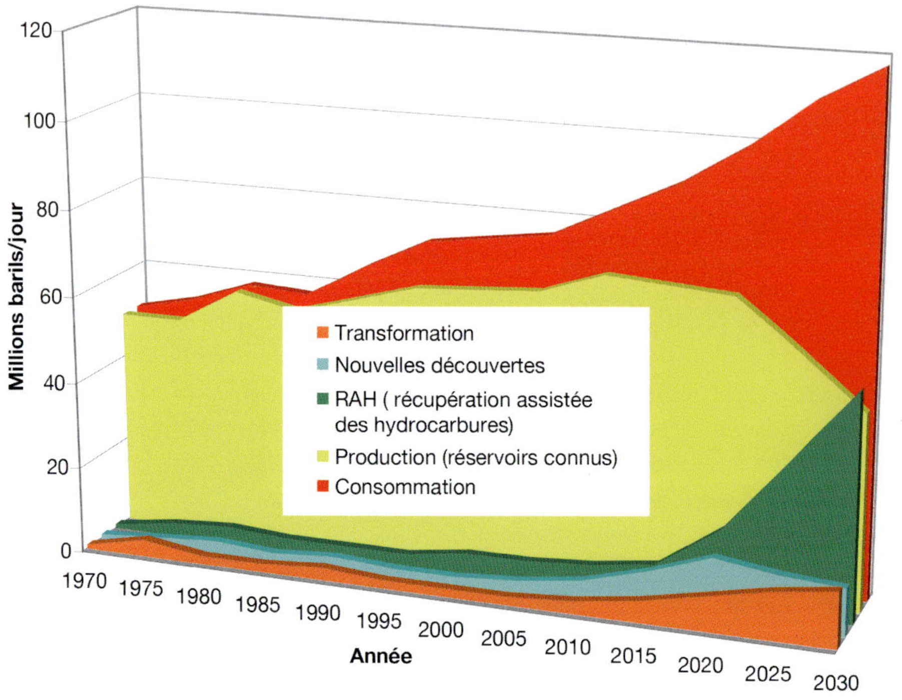

récupération dit « primaire » est basé sur le pompage direct ou sur la différence de pression entre la surface et les formations géologiques profondes pétrolifères tandis que le procédé dit « secondaire » utilise l'injection d'eau ou de gaz, pour faciliter le déplacement du pétrole. La production dite « tertiaire » (RAH, récupération assistée des hydrocarbures ou EOR pour *Enhanced Oil Recovery*) s'appuie sur différentes méthodes qui utilisent des sources externes d'énergie ou de produits chimiques. Ces méthodes sont classifiées comme thermiques, chimiques et gazeuses. Cette phase tertiaire permet d'améliorer très sensiblement les rendements de production. Le choix de l'approche la plus appropriée est fonction de nombreux paramètres dont, en premier lieu, la nature des hydrocarbures (légers, lourds). La MEOR (*Microbially Enhanced Oil Recovery*) utilise, quant à elle, des microorganismes aptes à faciliter, du fait de leur métabolisme, la récupération des composés pétroliers. Il peut alors s'agir de la production *in situ* ou *ex situ* de biosurfactants, biopolymères, acides organiques ou encore enzymes, sans oublier la formation de biofilms. Ce marché devrait quadrupler avant la fin de la décennie, d'où l'importance de poursuivre la recherche de nouveaux polymères, et pourquoi pas de biopolymères, répondant aux critères physico-chimiques et environnementaux requis.

Le rôle de ces polymères est de deux natures, celui de colmater certaines zones des réservoirs, et de favoriser et orienter le déplacement des produits pétroliers vers des circuits plus efficaces (*Polymer Plugging*). Leur utilisation peut aussi modifier la rhéologie (viscosité) de l'eau injectée lors de la phase dite secondaire, pour favoriser ce déplacement et augmenter le rendement d'extraction. Deux types de polymères sont généralement utilisés. Le premier, d'origine pétrochimique, est un polyacrylamide partiellement hydrolysé, ne satisfaisant pas toujours aux conditions physico-chimiques extrêmes rencontrées dans ces environnements, tandis que le second, le xanthane, est d'origine bactérienne. Ce dernier, dont le coût de production est relativement élevé, peut se dégrader rapidement sous l'action des microorganismes déjà présents dans les réservoirs. D'autres polymères, tous d'origine bactérienne, ont fait l'objet d'études en laboratoire (principalement pullulane, levane, curdlane, dextrane et scléroglucane). Ils n'ont pas connu, à ce jour, de développements industriels significatifs. Il y a là une place pour d'autres polymères d'origine bactérienne, comme les exopolysaccharides. Encore faut-il qu'ils puissent être produits à un coût économiquement raisonnable et qu'ils préservent leurs propriétés de thermostabilité et rhéologiques en conditions extrêmes rencontrées dans de tels environnements (forte pression, température élevée, forte salinité, pH variable, etc.).

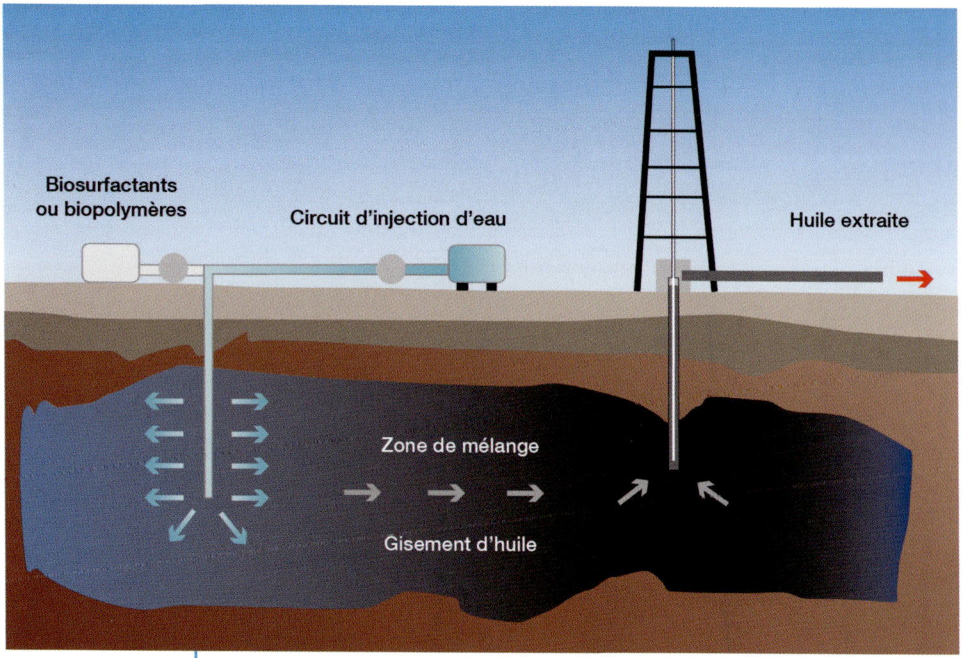

Schéma illustrant l'utilisation de biopolymères. Les biopolymères (polysaccharides ou biosurfactants) sont ajoutés à l'eau d'injection et vont favoriser par différents mécanismes, le déplacement des hydrocarbures vers le puits de récupération

Ces conditions peuvent rejoindre celles rencontrées à proximité des sources hydrothermales profondes (pressions et températures élevées) et celles d'écosystèmes atypiques à fortes salinités. À titre d'exemple, les sources hydrothermales présentes au niveau du bassin de Guaymas (Bassin de Californie) sont caractérisées par de hautes pressions, de hautes températures et la présence hydrocarbures importante. Des microorganismes adaptés, colonisant cet écosystème, pourraient présenter un intérêt en récupération assistée du pétrole. Des premiers résultats très encourageants ont d'ores et déjà été obtenus en laboratoire à partir de polysaccharides bactériens isolés des sources hydrothermales profondes. D'autres pistes existent comme l'utilisation de bactéries halophiles supportant des salinités élevées et produisant des polysaccharides à fort pouvoir viscosant ou émulsifiant.

Parallèlement à cette production d'exopolysaccharides, celle de biosurfactants est assez fréquente chez les microorganismes. Le rôle des biosurfactants sera alors de modifier *in situ* les interactions entre la roche, l'huile et l'eau afin d'en faciliter le déplacement et la récupération. Ces biosurfactants sont généralement des glycolipides – association de sucres et de lipides ou des lipopeptides, lipoprotéines – association de lipides et peptides ou protéines –.

Ces composés, comprenant une partie hydrophile et une partie hydrophobe, peuvent notamment modifier les tensions de surfaces et favoriser le déplacement des hydrocarbures.

La MEOR reste actuellement peu utilisée, malgré quelques expérimentations *in situ* et plus de 400 brevets déposés sur le sujet. Elle peut s'avérer viable dans un futur proche, à condition qu'elle respecte certains critères comme le critère économique, ainsi que la transposition des études de laboratoire aux zones d'exploitation. Concernant l'utilisation éventuelle de souches exogènes (externes aux réservoirs pétroliers) qui produiraient *in situ* des exopolysaccharides, ces souches doivent pouvoir s'adapter aux conditions extrêmes des environnements (très hautes pressions, températures parfois supérieures à 90 °C, pH et salinités).

DRIED BIOMASS

Des plastiques bactériens biodégradables

Des plastiques bactériens biodégradables

Si les pétroliers transportaient de l'eau de mer,
on s'en foutrait qu'ils fassent naufrage
Philippe Geluck

Lorsque l'on évoque le terme de matière plastique, il est fréquemment associé à une notion de non-dégradabilité, pollution, durée de vie et impact sur notre environnement. C'est tout à fait exact. Ce qui demande quelques secondes à être synthétisé par le génie chimique demandera plusieurs siècles pour disparaître !

Et si une des solutions provenait de l'utilisation de polymères biodégradables, issus de ressources renouvelables possédant des propriétés proches de celles des polymères dérivés de la pétrochimie. Et si les bactéries avaient la capacité de produire de tels polymères ? Alors, rêve ou réalité ?

Page précédente
Polyhydroxyalcanoates, ou plus simple, bioplastiques bactériens.

Les polymères synthétiques : des bioplastiques bactériens

Autres biopolymères bactériens appelés à un développement dans les prochaines années : les polyesters biodégradables ou PHA pour polyhydroxyalcanoates. Près de 300 millions de tonnes de matériaux plastiques dérivés de la pétrochimie sont produits chaque année, dont 80 % sont destinés aux besoins de la vie courante. Ainsi, ce sont près de 90 à 100 sacs plastiques par an par habitant en France (contre 4 seulement en Irlande) : soit plusieurs milliards de sacs plastiques chaque année !

La propriété principale des polymères synthétiques, leur résistance au temps et leur dégradation chimique ou biologique, se retourne à présent contre eux avec le questionnement sur leur durée de vie et leur impact sur notre environnement. Plusieurs décennies, voire plusieurs siècles, sembleraient nécessaires à leur dégradation et élimination ! Ce qui demande quelques secondes à fabriquer demanderait donc entre 100 et 400 ans à disparaître ! Des actions de recyclage et d'élimination *via* leur combustion existent avec le risque non-négligeable de rejets toxiques dans la nature ou l'enfouissement (sur le principe du « ni vu, ni connu »). Qui n'a pas en mémoire ces immenses dépôts à la sortie de grandes agglomérations, en bordure de mer, ou dans des zones éloignées de tout regard ? Que sait-on exactement du devenir de ces matériaux plastiques, de leurs sous-produits et de leur impact sur la faune et la flore marines et terrestres ? Peu de choses à l'évidence car leur temps de dégradation dépasse le siècle !

Exemple de micro-déchets plastiques présents dans le milieu marin

Dans le milieu marin, l'impact, autre que visuel, est la perte de plusieurs millions d'espèces chaque année par ingestion de ces matériaux, confondant pour les tortues marines, les méduses avec les sacs plastiques. On estime que plus de 26 millions de tonnes de plastiques, soit près d'un dixième de la production totale, finissent dans les océans. Les déchets plastiques se retrouvent dans tous les océans, jusque dans les plus grandes profondeurs. Ils se retrouvent aussi et surtout dans les zones côtières où ils sont apportés par les fleuves, les rivières, l'activité et l'inconscience humaines. Le matériau est dégradé en microplastiques, parfois emporté loin des côtes, dans les grands tourbillons océaniques, appelés gyres. Ceux-ci, localisés dans les océans Pacifique et Atlantique, auraient une superficie de plus de six fois celle de la France ! Les médias vont jusqu'à parler d'un « 7e continent ....de plastiques ! ».

Les polymères biodégradables, issus de ressources renouvelables, pourraient donc, à terme, constituer une alternative à ce type de matériaux synthétiques et aux problèmes associés à leur devenir dans la nature. Au début du siècle, la part des polymères biodégradables dans le monde n'était seulement que de quelques dizaines de milliers de tonnes par an, soit un très faible pourcentage du marché des matières plastiques. Selon les prévisions de croissance, les biopolymères (polyesters, polysaccharides et polymères d'acide lactique), pourraient quadrupler en 2020 et atteindre, dans les prochaines décades, entre 10 et 20 % du marché des matériaux plastiques. Tout plaide en faveur du développement de ces biopolymères : l'évolution des législations en matière de développement durable, la réduction nécessaire de l'effet de serre et des rejets de CO_2, une meilleure gestion des déchets, la volonté de réduire la dépendance vis-à-vis des matières premières importées et la diminution de la ressource fossile.

Dans les faits, et pour être rigoureux avec la terminologie, seuls les polyesters biodégradables bactériens doivent être considérés comme des bioplastiques à la fois 100 % biodégradables et issus de ressources renouvelables. La découverte des polymères bactériens appartenant à la catégorie des polyesters, remonte au début du siècle précédent (1925) avec les travaux accomplis à l'Institut Pasteur de Lille par Lemoigne sur une bactérie, *Bacillus mégaterium*. Après avoir visualisé des granules à l'intérieur des cellules bactériennes et réalisé une extraction au chloroforme, Lemoigne démontrait chez cette bactérie, la présence d'un polyester formé à partir d'une seule unité monomérique dérivée de l'acide 3-hydroxybutyrique. La première exploitation commerciale des PHB (pour polyhydroxybutyrique) est arrivée plus tardivement dans les années 1960 ; la crise pétrolière des années 1970 a immédiatement induit un fort regain d'intérêt pour ces biopolymères. Dans le même temps, plus de

150 monomères différents étaient mis en évidence chez des bactéries, conduisant à un large panel de polymères et co-polymères aux propriétés variées, et laissant présager des opportunités de développement dans de nombreux secteurs industriels.

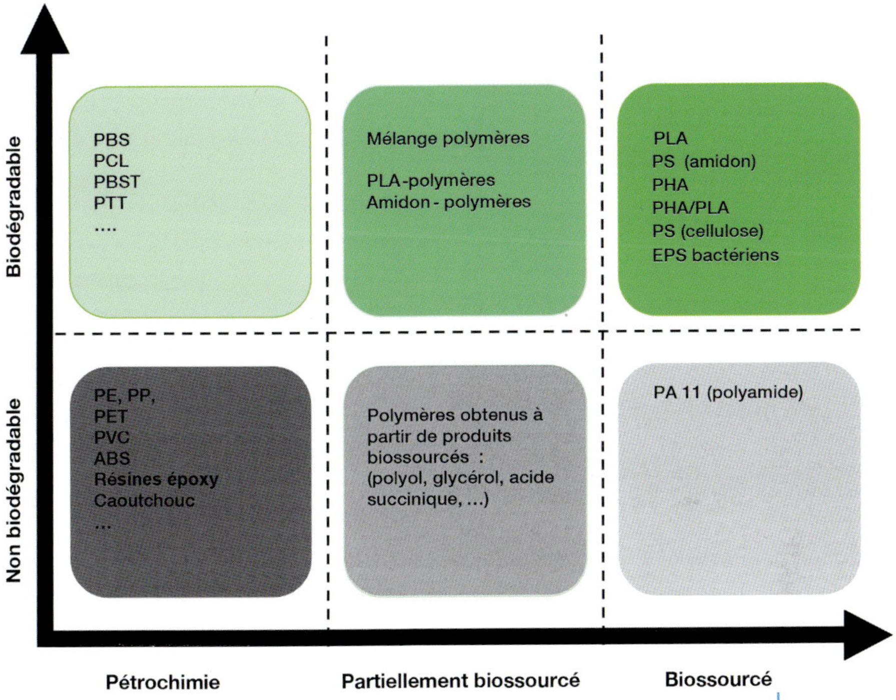

Il convient de distinguer plusieurs types de polymères selon la source (pétrochimique ou biossourcée) ou le caractère de biodégradabilité. Les exopolysaccharides et les polysaccharides, les polyhydroxyalcanoates, et partiellement les polylactides, sont issus de ressources renouvelables et sont totalement biodégradables

Ces biopolymères sont accumulés au sein des cellules bactériennes sous forme de granules. Cette accumulation intervient lorsqu'un nutriment (source d'azote, de phosphate, oligo-éléments, autres...) nécessaire à leur croissance devient limitant, et ce, en présence d'un excès de substrat carboné. On peut aussi parler d'un déséquilibre nutritionnel favorisant la synthèse de ces molécules de réserve pour les microorganismes concernés. « De réserve », car l'objectif pour la bactérie est bien de se constituer une réserve énergétique et nutritionnelle pour faire face à une situation prolongée, défavorable à sa croissance. Cette synthèse est le fait de nombreuses bactéries (Gram+ et Gram-), de quelques cyanobactéries mais de rares cellules eucaryotiques. Près de 300 microorganismes ont été identifiés aptes à synthétiser ces biopolymères. Mais à ce jour, seulement quelques-uns ont démontré un potentiel d'un développement industriel.

Une nouvelle fois, le milieu marin fait partie des écosystèmes les moins étudiés en termes de recherche de microorganismes producteurs. Néanmoins, des bactéries appartenant aux genres *Halomonas* sp., *Alteromonas* sp., *Pseudoalteromonas* sp., *Pyrococcus* sp. et *Vibrio* sp. ont été récemment isolées du milieu marin ou d'écosystèmes se rapprochant de la physico-chimie du milieu océanique. « Biodégradabilité » est un des mots-clés qui caractérise ces biopolymères. Les PHA sont dégradés dans l'environnement avec une cinétique influencée par les conditions physico-chimiques et naturellement par la microbiologie de cet environnement. Beaucoup de microorganismes possèdent les enzymes dépolymérases capables d'hydrolyser les fonctions esters des polyhydroxyalcanoates en oligomères et monomères solubles en phase aqueuse. Ces mêmes microorganismes, et d'autres, métabolisent ces produits de dégradation en molécules simples telles l'eau, le dioxyde de carbone ou le méthane.

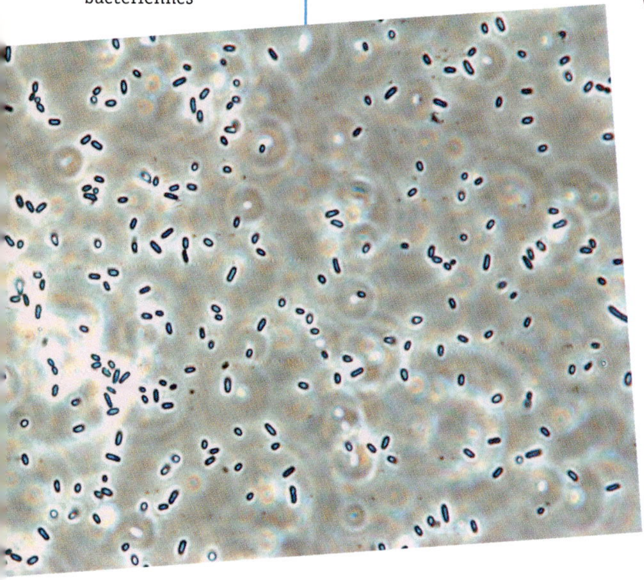

Visualisation par épifluorescence (points blancs) de la présence de PHA à l'intérieur de cellules bactériennes

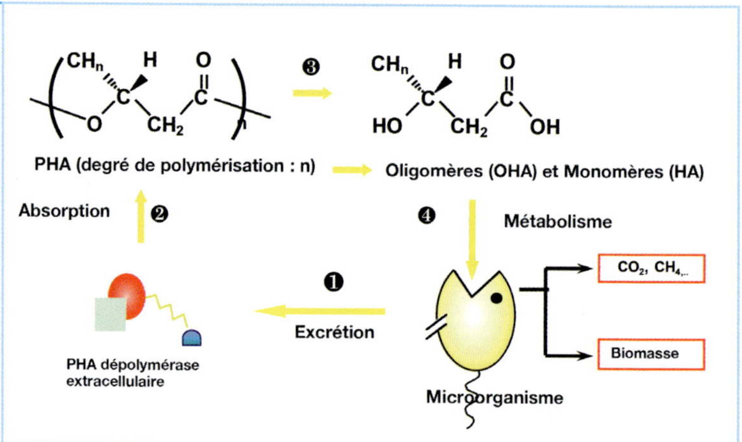

Mécanismes de dégradation des polyesters biodégradables en 4 étapes. (1) Sécrétion par les microorganismes d'une enzyme de dépolymérisation. (2) Adsorption de l'enzyme sur le polymère (PHA). (3) Dépolymérisation en oligomères (PHA de bas poids moléculaire) et monomères. (4) Utilisation directe de ces monomères par les microorganismes comme sources de nutriments

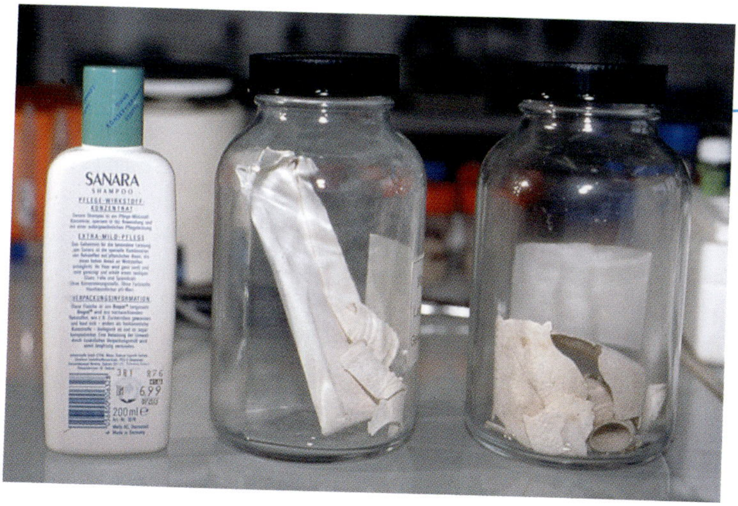

Dégradation de plastiques biodégradables en milieu marin. Entre 8 et 12 semaines sont nécessaires dans le cas de ce type de co-polymère (PHB-HV) pour observer une dégradation très significative

La biodégradation, c'est quoi ?

La biodégradation peut être définie comme la décomposition et la dégradation des matières organiques sous l'action des microorganismes (bactéries, levures, champignons). Le matériau est alors converti en molécules de base comme le dioxyde de carbone, en eau ou en méthane, selon les conditions environnementales. La biodégradabilité représente donc la capacité d'un matériau à être dégradé biologiquement, c'est-à-dire sous l'action des microorganismes. Il ne faut pas confondre la biodégradation avec la dépolymérisation, ou encore la fragmentation, qui ne conduisent pas aux mêmes molécules finales. Parmi les matériaux biodégradables naturels, on peut citer les polysaccharides dont l'amidon, la cellulose, la chitine et le chitosane, les exopolysaccharides bactériens, les protéines, et les polyesters bactériens.

Dégradation d'un fil de polyester biodégradable en milieu marin (6 semaines) : analyse par microscopie électronique à balayage (MEB)

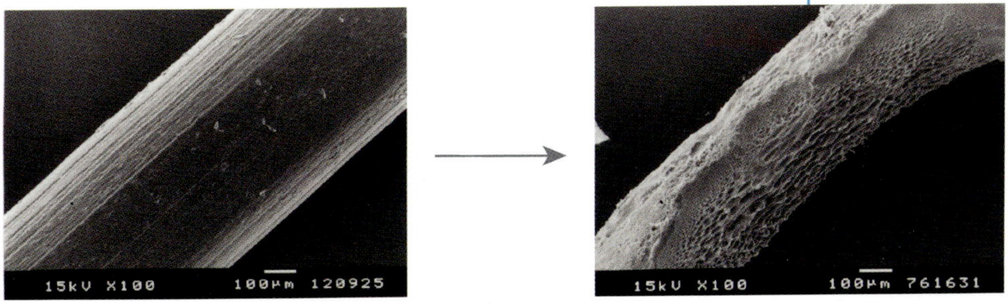

D'un point de vue purement chimique, ces polyesters peuvent être divisés, selon la longueur de la chaîne carbonée, en trois catégories distinctes. Cela conduit à des polymères rigides et cassants (thermoplastiques), ou à des élastomères et adhésifs avec un panel d'applications plus large. Il existe une quatrième catégorie de polyesters biodégradables, ceux portant des fonctions halogénées, époxydes, aromatiques répertoriés sous le terme de polyesters biodégradables fonctionnalisés.

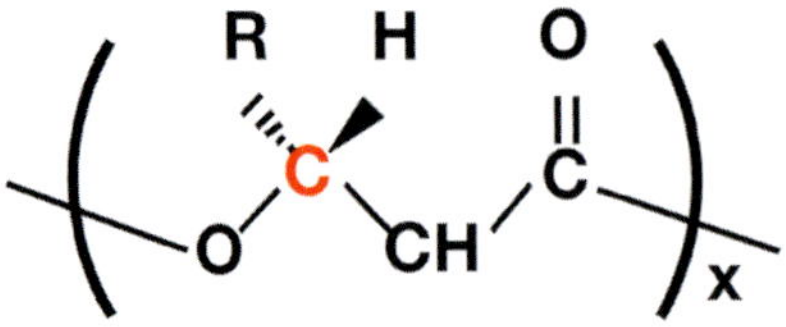

Formule générale d'un poly-3 (β) hydroxyalcanoate (*) : PHA R = CH_3, $(CH_2)_m$-CH_3, $(CH_2)_m$-CH=CH-$(CH_2)_n$-CH_3, insaturés (mono- et poly-), halogénés, époxydes... C : carbone chiral, x : degré de polymérisation (*) : possibilité de 4, 5 et 6 hydroxy

Selon leur mode de préparation et leur nature chimique, ces polymères peuvent se présenter sous forme de granules, de poudre ou encore de films d'épaisseur variable. Ils sont définis par leur composition chimique (voir ci-contre), leur masse moléculaire et leurs caractéristiques physico-chimiques. La température dite de transition vitreuse, de fusion et de cristallisation permettent de définir quelques-unes de leurs caractéristiques essentielles et de leurs applications. Tout comme pour les exopolysaccharides, ces biopolymères peuvent être considérés à l'état natif ou après modifications chimiques (époxydation, ajouts de groupements hydrophiles ou hydrophobes, réticulation, fonctionnalisation, carboxylation, etc.). Ces possibilités de modifications élargissent, et de manière très significative, leurs champs d'applications.

Exemple de PHA sous forme de poudre obtenu par fermentation bactérienne et de produits finis réalisés à partir des biopolymères

Une nouvelle génération de polyesters biodégradables plus transparents et possédant des propriétés spécifiques pour des applications dans le domaine médical

Les polyesters biodégradables sont-ils les polymères de demain ?

Ces biopolymères peuvent être comparés en ce qui concerne leurs propriétés physico-chimiques et mécaniques telles que les températures de fusion, cristallinalité, résistance à l'élongation ou encore perméabilité à l'air ou à l'eau à des polymères synthétiques tels le polypropylène (PP) ou le polyéthylène (PE).

Une production contrôlée et l'accès à une grande diversité de compositions chimiques permettent d'envisager de multiples applications pour ces biopolymères bactériens, issus de ressources renouvelables. Ces applications pourraient connaître un développement important dans les années à venir grâce à l'évolution de la législation en matière d'impact environnemental, à de nouvelles directives dont la directive REACH (Règlement sur l'enregistrement, évaluation, autorisation et restriction des produits chimiques, en vigueur depuis 2007), et à une prise de conscience de la société (impact environnemental sur notre quotidien, y compris la santé). À ces préoccupations, il faut ajouter la diminution de la ressource fossile et, par voie de conséquences, celle des produits dérivés de la pétrochimie dont font partie les polymères de type polyesters.

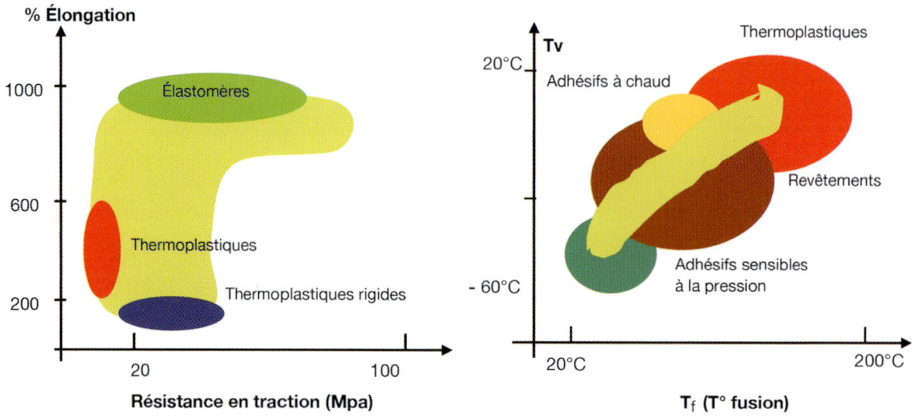

Exemple de domaines d'application des polyesters biodégradables (PHA) en fonction de leurs caractéristiques physico-chimiques. La zone jaune correspond aux PHA. Tf : température de fusion ; Tv : **température de transition vitreuse**

Les caractéristiques des biopolymères dépendent bien évidemment de leur composition chimique, elle-même tributaire de la source de carbone utilisée par les microorganismes. Un seul microorganisme a le potentiel de biosynthétiser différents PHA, en fonction de son métabolisme, et surtout de la source de carbone sélectionnée. La production d'un PHA peut donc être considérée comme la résultante d'un couple bactérie/source de carbone. La connaissance des voies métaboliques peut ainsi orienter, avant même la phase de production, la synthèse d'un polymère spécifique répondant à des propriétés requises. La source de carbone compte, pour elle seule, pour près de 30 à 40 % dans le coût final de production de ces polymères. Cela montre tout l'intérêt d'utiliser des co-produits de la chimie, de l'agroalimentaire, de la cosmétique ou même de la mer, de manière à réduire significativement leurs coûts de production.

Compte tenu de leur caractère réellement biodégradable, les polyesters biodégradables ont été rapidement présentés comme une alternative à ce qui est communément appelé les « matières plastiques », avec des applications évidentes dans le domaine de l'emballage, et du « packaging », d'une manière générale. Le marché mondial des emballages bioplastiques devrait connaître une croissance annuelle moyenne de 20 % sur la période 2014-2018, soutenu par les préoccupations environnementales grandissantes. De plus, la possibilité de réaliser des co-polymères « à façon » permet d'atteindre des caractéristiques mécaniques compatibles avec la notion de packaging. Mais, le coût de production des biopolymères, pour cette application dite de grande consommation, les rend à ce jour, insuffisamment attractifs pour un développement rapide à grande échelle. Rappelons-nous qu'il y a encore quelques années, leur coût de production se situait au-delà de 100 euros le kilogramme ! Les connaissances acquises sur les microorganismes et les progrès réalisés en matière de fermentation et d'extraction, laissent maintenant présager des coûts de production inférieurs à 3 euros le kilogramme. Cela reste certes encore élevé par rapport aux coûts de leurs homologues issus de la pétrochimie, se situant aux alentours de 0,5 à 2 euros par kilogramme. Beaucoup de paramètres, dont la prise de conscience sociétale et du consommateur vis-à-vis de la gestion des déchets, peuvent influencer et changer les mentalités. Il est fort à penser que de tels développements se produiront au cours des prochaines années.

Il en est de même quant à la possibilité d'utiliser ces biopolymères sous forme de films, notamment dans le domaine de l'agroalimentaire. Des progrès importants ont été réalisés à la fois dans la production et dans les méthodologies d'extraction de PHA spécifiques. Ces nouveaux biopolymères sont plus adaptés à ce type de *packaging* et se prêtent plus facilement à des modifications (ajouts de charges minérales, *blends* : association de plusieurs polyesters biodégradables ou de polymères synthétiques). Ces modifications confèrent aux produits finis les critères requis (température de fusion, résistance à l'étirement, perméabilité à l'eau et à l'oxygène, etc.). Quelques structures industrielles (agroalimentaire et cosmétique), commencent à envisager sérieusement l'utilisation de ces biopolymères pour un certain nombre de leurs produits.

Outre les applications de d'emballage, d'autres opportunités de développement existent comme celle des « bio » adhésifs ou des colles plus naturelles, par exemple. Ces dernières limiteraient les problèmes générés par les colles synthétiques libérant des composés organiques volatils (glutaraldéhyde, formaldéhyde....). Une autre piste est envisagée par un contrôle de la cinétique de dégradation de ces biopolymères, dans leur utilisation en aquaculture, horticulture, agriculture et cosmétologie, pour une plus grande efficacité, le respect de l'environnement (libération contrôlée de principes actifs tels que herbicides, pesticides, fongicides, principes actifs, molécules antimicrobiennes...) ou encore la préservation de semences. Dans la même optique, on peut citer également leur potentiel dans le domaine des revêtements et peintures utilisant le relargage contrôlé de principes actifs, en particulier, de molécules à caractère *antifouling*.

Pour clôre les aspects utilitaires dans le domaine environnemental, il faut compléter le tableau par le potentiel des microorganismes à utiliser directement les phosphates comme oligo-éléments pour la synthèse de ces polyesters biodégradables, à avoir recours aux co-produits de l'industrie chimique et cosmétique (glycérol, PEG, acides gras volatils provenant des centres de traitement des eaux…) et à assurer une fonction de bioremédiation et de protection de notre environnement. D'autres propriétés peuvent être exploitées comme la conception de surfaces résistantes à l'eau ou la possibilité de filmer dans l'industrie du papier. Dans le domaine paramédical, des applications comme la conception de géotextiles ou de films protecteurs sont aussi envisageables.

En attendant une diminution significative des coûts de production, la plupart des applications de ces polyesters se situe aujourd'hui dans le domaine biomédical qui exploite leurs propriétés spécifiques (biocompatibilité, grande diversité de structures, de caractéristiques physico-chimiques de surface et rhéologiques, un meilleur contrôle de la production de ces biopolymères et de leur degré de pureté et nombreuses opportunités de modifications).

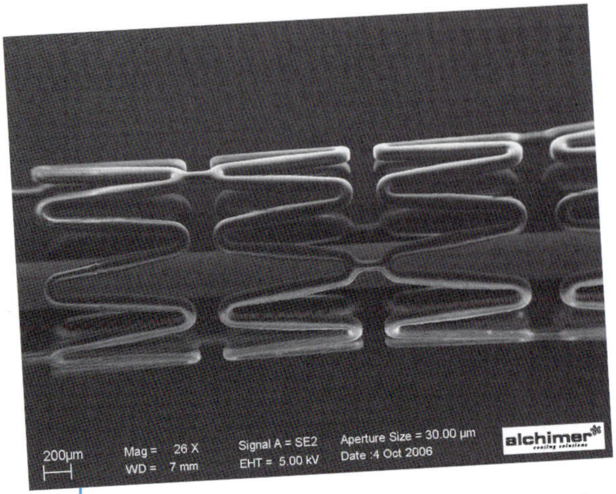

Stent recouvert d'un film de biopolymère (PHA) permettant la libération contrôlée d'un principe actif

Certains de ces biopolymères se présentent comme une opportunité de substitution ou de renforcement temporaire au niveau de fractures osseuses, de régénération du cartilage ou encore comme vecteurs d'antibiotiques pour les tissus osseux infectés. Un mélange de polyesters biodégradables et d'hydroxyapatite, principal constituant de l'os, a été démontré comme présentant des caractéristiques mécaniques proches de l'os humain. Il est, de plus, possible d'adapter la composition chimique du biopolymère ou de l'associer avec d'autres molécules organiques et inorganiques (composites), ceci afin d'atteindre les propriétés mécaniques et de surface nécessaires à une valorisation dans le secteur médical. Ces biopolymères sont aussi des supports efficaces pour la prolifération cellulaire en encourageant et favorisant cette prolifération tout en préservant les différents phénotypes. Cette même approche a été considérée au niveau des cartilages et des chondrocytes. Des résultats fort encourageants ont ainsi été obtenus avec une prolifération plus conséquente de chondrocytes et une régénération (et reconstruction) plus rapide du cartilage !

La vectorisation et la libération contrôlée de principes actifs est une autre voie très prometteuse pour le développement de ces biopolymères. Ce système de libération contrôlée peut se présenter sous différentes formes (gels, patchs, films d'épaisseur variable, micro- ou (nano-) capsules, nanoparticules, matrices poreuses, micelles, liposomes) ou encore sous forme de principes actifs directement greffés à ces biopolymères. Néanmoins, des interactions de nature physique entre le principe actif et le biopolymère sont souvent préférées à la notion de greffage, de manière à ne pas modifier la structure du principe actif, de son mécanisme d'action et à favoriser leur libération. De nombreux exemples sont là pour valider cette opportunité de développement des polyesters biodégradables, comme la vectorisation d'antibiotiques, d'antimicrobiens, d'anti-inflammatoires, de corticoïdes, voire de molécules anticancéreuses.

La libération contrôlée de médicaments doit permettre une diffusion du principe actif selon une cinétique et un dosage déterminés. Ces biopolymères ont, dans ce domaine, un devenir certain par la diversité de leurs structures permettant de s'adapter à des situations variées, mais aussi grâce à procédés de production de plus en plus en adéquation avec les contraintes pharmacologiques. À terme, des applications sont imaginables également dans le domaine cardio-vasculaire, l'ophtalmologie, l'odontologie, les reconstructions dermique et osseuse, et comme biomatériaux.

En conclusion, de nombreuses applications peuvent être envisagées à partir des biopolymères issus de ressources renouvelables. Obtenus dans des conditions de fermentation contrôlables, sans réel impact écologique, et, le cas échéant, modifiables pour les rendre compatibles avec des applications spécifiques, ces biopolymères peuvent s'avérer de précieux éléments pour de nombreux domaines industriels.

Agir sur le matériel génétique des microorganismes et les conditions de fermentation sont les axes favoris de la recherche auxquels vient naturellement s'ajouter la découverte de microorganismes capables de synthétiser de nouveaux biopolymères. La première approche apparaît encore incertaine tant la biosynthèse de ces biopolymères est la résultante d'un processus complexe, impliquant un grand nombre d'enzymes, parfois très spécifiques. Ce qui ouvre la voie de la seconde hypothèse, celle d'investiguer des écosystèmes originaux !

Ces environnements extrêmes et atypiques ne se présentent-ils alors pas comme un champ d'investigation privilégié pour la recherche de nouvelles espèces bactériennes et biopolymères aux propriétés originales ? Ces biopolymères, n'ont-ils pas comme fonction principale de favoriser la survie des espèces bactériennes dans des conditions défavorables ? L'idée d'associer milieux atypiques à une production d'exopolymères d'intérêt biotechnologique semble donc tout à fait intéressante.

Au fond des océans...

Au fond des océans...

...Ou, penchés à l'avant des blanches caravelles,
Ils regardaient monter en un ciel ignoré
Du fond de l'océan des étoiles nouvelles.
José Maria de Heredia

Que sait-on actuellement des microorganismes vivant dans des environnements caractérisés par des conditions physico-chimiques particulières ? Encore peu de choses ! Nous n'en sommes qu'au stade de leur découverte et identification. Les premières données offrent un aperçu de ce que pourraient apporter les bactéries par leur capacité d'adaptation à ces environnements. Le chapitre aborde les tout premiers résultats et développements industriels de produits isolés de microorganismes originaux et les espoirs mis dans la connaissance de leur diversité.

Page précédente
Biofilm coloré près d'une source hydrothermale profonde.

Il ne peut s'agir ici que de données acquises au temps présent. Les recherches se poursuivent et la littérature s'enrichit régulièrement de la découverte de nouvelles molécules associées à ces écosystèmes. Que savons-nous de ces microorganismes et de leur intérêt? La question est posée. Les conditions physico-chimiques des environnements extrêmes ou atypiques sont-elles associées à la présence de microorganismes spécifiques adaptés aux conditions extrêmes et à la synthèse de molécules innovantes ? Il paraît évident que oui pour la première question. ! Il est toutefois plus difficile de répondre affirmativement à la seconde, tant il existe de structures chimiques et de paramètres pouvant influencer leur synthèse. Comparées à ceux du milieu terrestre, vraiment très peu d'études ont été menées sur les bactéries marines ou adaptées à des conditions de salinité se rapprochant de celles du milieu marin. Alors que dire des écosystèmes extrêmes ou atypiques !

Quelques écosystèmes atypiques ont fait, et continuent de faire, depuis quelques années, l'objet d'études et d'investigations sur le potentiel biotechnologique des microorganismes qui y sont associés. Les biopolymères, dont les exopolysaccharides et les enzymes, font partie des biomolécules ayant fait l'objet des recherches les plus poussées. Ainsi, à partir des collections de bactéries – qu'elles soient d'origine hydrothermale, prélevées sur le continent Antarctique ou Arctique, dans les lagons de Polynésie française, voire de Nouvelle-Calédonie – une production de polymères de sucres (exopolysaccharides) a été mise en évidence par un grand nombre de bactéries associées à ces écosystèmes, avec l'espoir de transférer cette production à l'échelle industrielle. Mais ces exopolysaccharides sont-ils différents de ceux connus à ce jour ou de ceux identifiés à partir d'environnements marins plus communs ? Ont-ils des propriétés spécifiques qui les différencient sensiblement de leurs homologues d'autres origines (algues, crustacés…) ? Peut-on envisager de nouvelles applications ? Peut-on relier l'habitat d'origine et la nature des polymères produits ? Cela se vérifie-t-il pour tout autre type de molécules comme les métabolites secondaires et PHA ?

Un écosystème atypique : le domaine abyssal

Il n'est pas encore très loin le temps où il était logique d'imaginer que la vie dans les océans ne pouvait dépasser une profondeur de 100 à 200 mètres, c'est-à-dire la profondeur de pénétration significative de la lumière solaire. Le domaine abyssal est pourtant le plus grand écosystème de la planète puisqu'il s'étend depuis le talus continental jusqu'aux plus grandes profondeurs de l'océan. Il couvre les deux tiers de la surface du globe, soit en volume, 62 % de la biosphère. C'est aussi le plus mal connu, car il est difficile d'y pénétrer et d'y travailler. La contribution du domaine profond à la diversité de la biosphère est donc, à ce jour, toujours mal appréhendée. Toutefois, l'évolution des technologies d'exploration *via* les sous-marins grande profondeur, ou la robotique sous-marine, permet maintenant une accessibilité aux environnements profonds et à la connaissance de l'écologie microbienne associée à ces écosystèmes. Elles ouvrent la porte à la découverte de nouvelles sources de molécules originales. La vie existe bien dans les fonds abyssaux ! Un groupe de chercheurs américains a étudié la pente continentale nord-ouest atlantique entre 1 500 et 2 500 mètres et a estimé, par extrapolation, à environ 10 millions, le nombre d'espèces benthiques présentes dans le domaine profond. Durant la dernière décade, le nombre de composés chimiques isolés de milieux peu profonds et jusqu'à des profondeurs proches de 1 000 mètres, n'a cessé d'augmenter. Près de 300 nouvelles molécules ont été identifiées mais cela ne représente, à ce jour, que moins de 2 % des plus de 20 000 produits naturels marins isolés au cours des dernières décennies.

Sédiments profonds (ci-dessous et ci-contre)

L'intérêt pour de tels écosystèmes reste également guidé par l'observation et la connaissance des principaux organismes qui y vivent (coraux, éponges, tuniciers). Ces organismes ont développé, en contre-partie

d'une impossibilité à se déplacer et à lutter contre les prédateurs, des mécanismes de défense dont la synthèse de molécules possédant de fortes activités biologiques, même à faible concentration. Ces activités biologiques peuvent être exploitées par l'homme pour lutter contre certaines maladies. La question de l'identification du véritable producteur de ces molécules reste toutefois posée : l'hôte ou les microorganismes symbiotiques ?

Nom	Application	Origine	Profondeur (en m)	Niveau d'étude
Discodermolide	Cancer	Éponge *Discodemia* sp.	140 Bahamas	Phase I
E 7389	Cancer	Éponge *Lissodendoryx* sp.	100 Nouvelle-Zélande	Phase I
Dictyostatin-1	Cancer	Éponge Ordre *Lithistida*	440 Jamaïque	Préclinique
Sarcodictyn et dérivés	Cancer	Corail *Sarcodictyon roseum*	Méditerranée	Préclinique
Salinosporamide A	Cancer	**Actinomycète** *Salinospora* salin	> 1 000 Pacifique	Préclinique
Topsentin	Cancer, Alzheimer	Éponge *Spongosporites ruetzleri*	300-600 Bahamas	Préclinique
Implants orthopédiques	Greffe osseuse	Corail	> 1 000 Pacifique	Préclinique

La contribution des microorganismes issus des écosystèmes profonds à la découverte de nouvelles structures moléculaires reste faible, pour les mêmes raisons que celles évoquées ci-dessus. Néanmoins, les premières molécules bioactives (notamment anticancéreuses) ont été isolées de ces milieux profonds. Certaines d'entre elles sont même en phase d'évaluation clinique (phases I ET II). De grands espoirs sont actuellement fondés sur les actinomycètes. Mais nous sommes encore loin de connaître toute la biodiversité bactérienne de ces écosystèmes. Un problème majeur soulevé depuis quelques années par les scientifiques subsiste : la menace du chalutage sur les grands fonds et les espèces qui y vivent. Les chercheurs ont estimé la surface ratissée annuellement à celle de la moitié des États-Unis ! En mer de Tasmanie, entre le Sud de l'Australie et la Nouvelle-Zélande, plus de 10 tonnes de coraux seraient détruits lors d'un seul chalutage ! Il faut savoir que les coraux ont parfois besoin de plusieurs centaines d'années pour se régénérer !

Exemples de sources hydrothermales profondes (ci-dessous et ci-contre)

Les sources hydrothermales profondes

Avec les formidables avancées des technologies d'exploration des grands fonds océaniques, les sources hydrothermales profondes ont rapidement attisé la curiosité des chercheurs en quête de découverte de nouveaux écosystèmes, de nouveaux microorganismes et structures moléculaires associées. Le lecteur est invité à se référer à l'excellent ouvrage de Daniel Desbruyères, paru dans cette même collection, sur le monde fascinant des environnements hydrothermaux et l'histoire de leur découverte et exploration. Dans l'esprit de la plupart d'entre nous, il apparaît que cette notion d'environnement hydrothermal est avant tout associée à celle de « fumeurs », noirs ou blancs, à celle de hautes températures et de bactéries dites thermophiles et hyperthermophiles (vivant dans un environnement supérieur à 50-60 °C, jusqu'à des températures supérieures à 100 °C !). D'un point de vue purement scientifique, il n'y a aucun doute quant à l'intérêt d'étudier ces microorganismes de l'extrême, mais d'un point de vue biotechnologique, la question reste posée. Nul doute que ces bactéries thermophiles peuvent présenter un grand intérêt dans une recherche d'enzymes thermostables. Quant à la production de biopolymères, la problématique est différente. Il est vrai que des exopolysaccharides ont été isolés à partir de bactéries thermophiles, issues des sources thermales chaudes, profondes ou non. Cette synthèse de polymères serait-elle alors facilement transférable à une échelle industrielle et à un coût de production compatible avec les réalités industrielles ? La réponse est, à ce jour, négative car la mise en œuvre des procédés de production nécessite, pour la seule croissance de ces bactéries, des moyens considérables (pressions et températures élevées, sans oublier la présence parfois obligée d'éléments minéraux et organiques toxiques). Rien n'est impossible ! Les polymères isolés des bactéries thermophiles ont un réel intérêt pour la santé humaine notamment. Pour ce faire, il sera nécessaire de faire appel à la biologie moléculaire et au génie génétique.

Distribution approximative des microorganismes selon la température de l'environnement hydrothermal

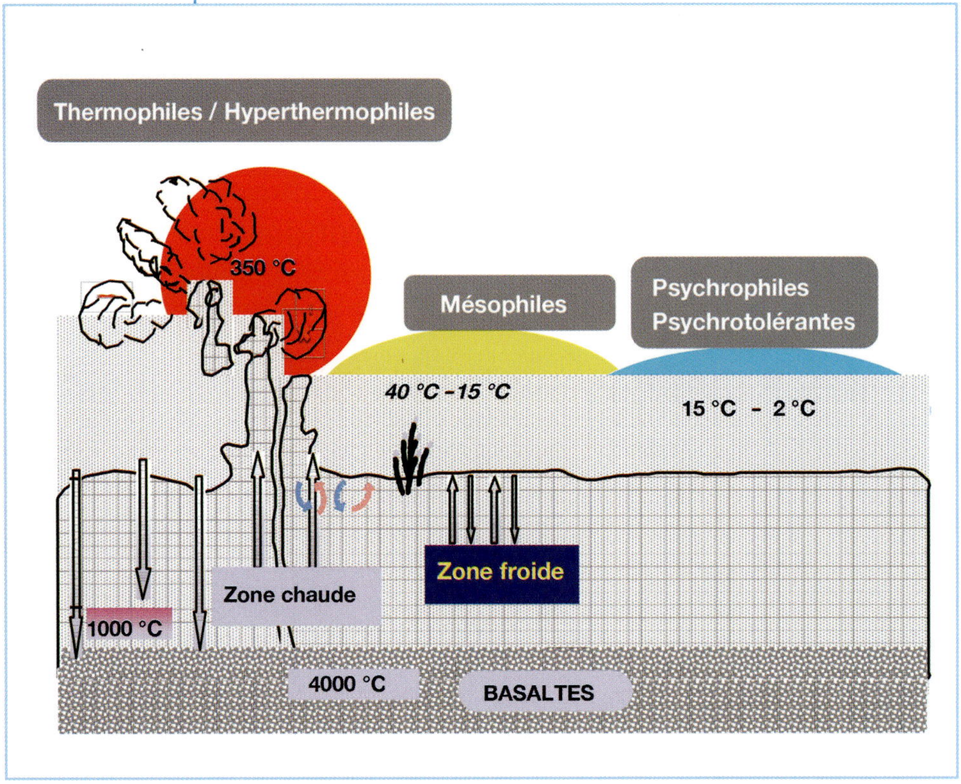

Les écosystèmes hydrothermaux ne se limitent pas aux seules cheminées relâchant de l'eau à très haute température (> 300 °C). Il y a bien une vie dans l'environnement de ces fumeurs ! À proximité de ces sources chaudes, des possibilités s'offrent à nous pour isoler des bactéries dites mésophiles (ayant une croissance optimale dans un milieu dont les températures sont comprises entre 20 et 40 °C) dans des conditions plus appropriées au développement industriel. Seule la pression élevée reste un élément commun aux bactéries des sources hydrothermales profondes, mais une nouvelle fois, la réalité économique ramène l'intérêt des microorganismes mésophiles aux seules bactéries pouvant se développer à la pression atmosphérique.

Des instituts de recherche, comme l'Ifremer, ont mis en place à la suite de nombreuses campagnes océanographiques menées sur différents sites hydrothermaux, des collections (ou souchothèques) d'isolats hyperthermophiles, thermophiles et mésophiles. À partir de cette collection, riche de plus de 1 500 isolats bactériens, plus de 30 exopolysaccharides ont pu être extraits, biopolymères synthétisés par des bactéries mésophiles. Des applications pour la cosmétique ont pu être développées et commercialisées à partir d'études physico-chimiques menées sur au moins trois de ces « polymères de l'extrême » (Abyssine®, Hyalurift®, Lanacityn®).

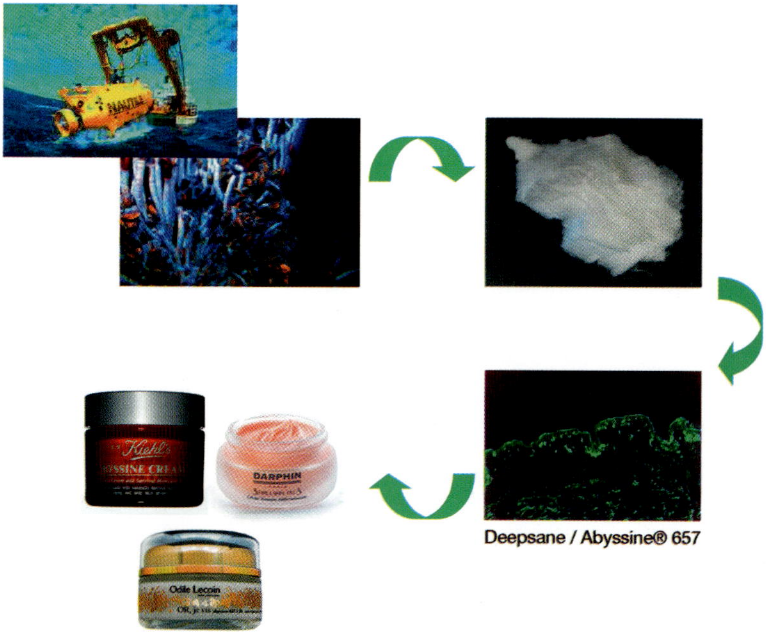

Développement commercial d'un biopolymère bactérien issu d'un milieu hydrothermal profond. Actions revendiquées : protectrice, réparatrice, apaisante

Les exopolysaccharides des sources hydrothermales et la santé

Considérant leur coût de Recherche et Développement (R&D), c'est peut-être dans le domaine de la santé que ces exopolysaccharides de l'extrême pourraient trouver des applications dans un futur proche. Lors de l'exploration des sources hydrothermales profondes, une bactérie a été isolée du ver de Pompéi (*Alvinella pompejana*), caractérisée et l'appellation *Vibrio diabolicus* a été proposée. Les analyses réalisées sur l'exopolysaccharide (EPS) produit par cette souche en conditions de laboratoire, ont positionné ce biopolymère dans la catégorie des glycosylaminoglycannes (ou GAG) dont font également partie la chondroïtine sulfate, le dermatane sulfate, l'héparine ou encore l'acide hyaluronique déjà évoqué. Ce nouveau polysaccharide linéaire bactérien, dont l'unité répétitive est composée de trois sucres (N-acétyl-glucosamine, N-acétyl-galactosamine et acide glucuronique) possède une structure chimique que l'on peut résumer à un mélange d'acide hyaluronique et de chondroïtine. L'importance de l'acide hyaluronique a été évoquée précédemment. Quant à la choindroïtine, composant de la matrice du cartilage, elle est souvent préconisée dans la prévention et le traitement des douleurs arthrosiques, sous sa forme sulfatée, en association avec la glucosamine.

Ver de Pompéi et bactéries associées (ci-dessous et ci-contre)

Ce nouveau polysaccharide linéaire a démontré des propriétés très intéressantes pour la régénération osseuse et dermique, laissant entrevoir un développement possible dans les biomatériaux. Tout d'abord évalué avec succès en odontologie, cet acide hyaluronique-like de haut poids moléculaire (~ 800 KDa) l'a ensuite été comme implant de comblement osseux dans un modèle expérimental animal. Des lésions osseuses aux deux lobes pariétaux ont été pratiquées

dans la calotte crânienne d'un rat. Le défaut de taille critique réalisé dans le pariétal droit de ce même animal a été comblé par un biopolymère (EPS) sous sa forme native ou du collagène (matériau pris comme référence), tandis que le défaut de taille critique réalisé dans le pariétal gauche était laissé vacant.

Après 15 jours d'expérimentation, tous les animaux traités avec ce polymère ont montré une cicatrisation à 96 % pour le défaut comblé, et partielle à 90 % pour le défaut laissé vacant. D'un point de vue histologique, aucune réaction inflammatoire n'a été observée. L'os néoformé en 15 jours était parfaitement structuré : les fibres de collagène étaient orientées, les ostéoblastes recouvraient les surfaces osseuses, des ostéocytes étaient présents. Une néo-vascularisation intense a également été observée ; le tissu conjonctif cutané n'a pas proliféré de façon anarchique.

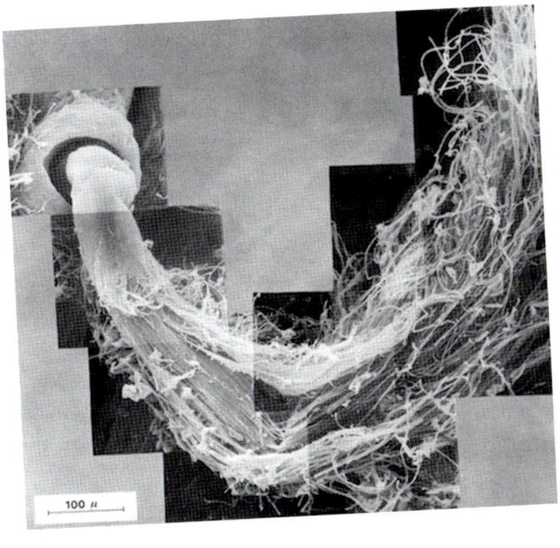

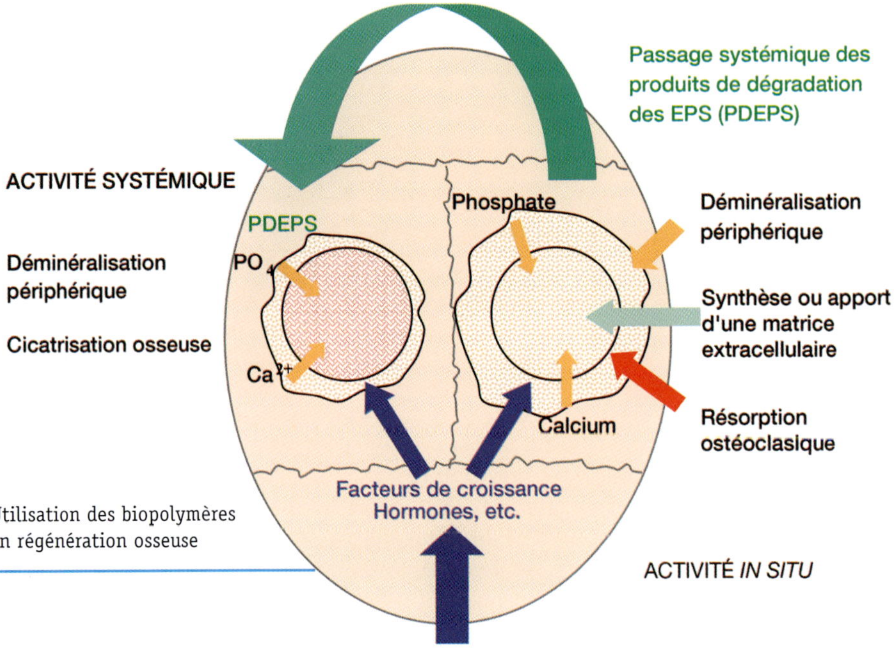

Utilisation des biopolymères en régénération osseuse

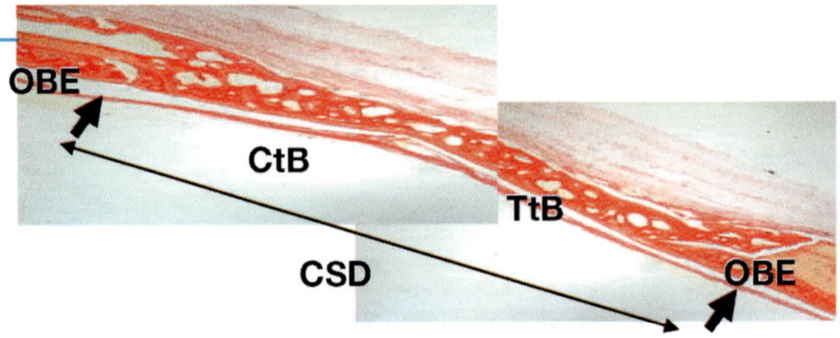

Coupe histologique montrant une totale reconstruction osseuse grâce aux EPS

CSD (critical size defect) : orifice pratiqué
OBE (old bone edge) : os à la périphérie de l'orifice
CtB (cortical bone) : os cortical
TtB (trabecular bone) : os trabéculaire

Des travaux complémentaires ont montré dans des modèles *in vitro* de derme reconstruit, que la structuration de la matrice collagénique était accélérée en présence de collagène I et de l'exopolysaccharide natif. Ces résultats, obtenus en culture, ont pu être ensuite corrélés dans un modèle *in vivo* de plaies cutanées pratiquées chez le rat. Les propriétés de structuration collagénique démontrées *in vitro* semblent permettre une accélération de la maturation dermique au cours du processus cicatriciel. Cette accélération de la structuration conjonctive est, de plus, accompagnée par une ré-épidermisation plus rapide de la plaie chez les animaux traités par ce biopolymère. Des études se poursuivent sur ce polymère considérant son intérêt évident pour le vieillissement de la population et les risques accrus de fractures. D'autres applications pourront être envisagées pour ce biopolymère et pour des polysaccharides bactériens de structures analogues à celle de l'acide hyaluronique.

Une autre piste intéressante pour ces exopolysaccharides : les polysaccharides sulfatés. On les trouve couramment dans les algues ou dans certains invertébrés, ils font l'objet d'attentions particulières pour leurs activités biologiques. Ces dernières ne sont pas uniquement liées à la seule présence de sulfates mais également au positionnement des groupements sulfates dans la chaîne polysaccharidique, la conformation (linéaire ou ramifiée) et naturellement à la nature des oses constitutifs. Les polysaccharides sulfatés sont réputés posséder des activités antivirales, antimétastasiques, anti-inflammatoires, antiadhésives et aussi anticoagulantes et antithrombotiques. La demande en nouveaux anticoagulants et antithrombotiques est forte compte tenu du nombre croissant d'accidents cardio-vasculaires (près de 30 % de décès à travers le monde). L'héparine est l'anticoagulant le plus largement utilisé. Toutefois, son origine animale et les effets secondaires liés à son utilisation et à son degré de pureté (sur-sulfatation), posent le problème d'une alternative à son utilisation. Rares sont à ce jour les bactéries identifiées comme capables de synthétiser des polysaccharides naturellement sulfatés, d'où l'intérêt de la mise en évidence des exopolysaccharides à partir des sources hydrothermales. Il est aussi possible de « sulfater » les exopolysaccharides, c'est-à-dire de leur apporter, par voies chimique ou enzymatique, les fonctions sulfates leur conférant l'activité biologique recherchée. Ces opérations ont un surcoût et peuvent induire la formation de co-produits indésirables. Un polysaccharide produit par une bactérie d'origine hydrothermale, *Alteromonas infernus,* a démontré après modifications et dépolymérisation, des activités biologiques proches de celle de l'héparine, anticoagulant de référence, largement utilisé pour prévenir les thromboses veineuses et artérielles. Quelques dérivés de cet exopolysaccharide, obtenus par dépolymérisation radicalaire suivie d'une sulfatation chimique, présentent une activité anticoagulante plus faible que l'héparine mais restent potentiellement de bons candidats pour développer un nouvel agent antithrombotique, dépourvu de risque hémorragique.

Ce même dérivé, décrit pour ses faibles propriétés anticoagulantes, a également montré un effet prometteur pour réparer ou reconstruire des tissus (muscles, reins, poumons) présentant une déficience sanguine. Cette diminution de l'apport sanguin artériel entraîne une baisse de l'oxygénation des tissus, par exemple, une thrombose (formation d'un caillot sanguin obstruant une artère). Les résultats de ces travaux ont montré que les dérivés sulfatés avaient un effet pro-angiogène *in vitro* et favorisaient la prolifération de cellules endothéliales et la formation de tubes vasculaires. Les dérivés sulfatés augmentent ou amplifient l'effet des principaux facteurs de croissance angiogéniques alors que les dérivés non sulfatés ne sont pas actifs, ce qui démontre bien le rôle essentiel des groupements sulfates.

Les exopolysaccharides hydrothermaux et l'environnement

Quelques-uns des exopolysaccharides « hydrothermaux » ont démontré des capacités intéressantes de rétention de métaux toxiques ou radioactifs comme le cobalt, le césium, l'uranium, le plomb, le zinc, le cuivre le nickel ou le fer. Des valeurs proches de 300 à 600 milligrammes de plomb par gramme d'EPS ont été déterminées pour quelques biopolymères. De telles valeurs sont tout à fait compétitives avec celles enregistrées par d'autres méthodes physiques et électrochimiques. Les biopolymères se présentent comme une alternative intéressante aux autres technologies. La propriété de fixation des métaux pourrait être exploitée pour de nombreuses applications comme la bioremédiation, la vectorisation, l'imagerie médicale. Avec de telles valeurs, l'application qui vient naturellement à l'esprit est le traitement des écosystèmes naturels contaminés par des métaux lourds ou le traitement en amont des rejets industriels. S'opposent à ces résultats

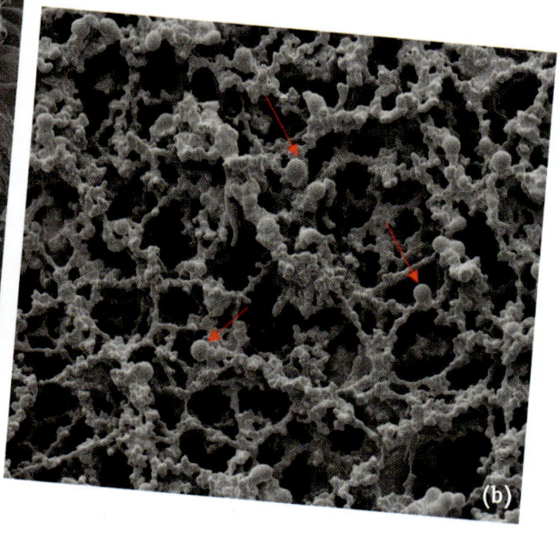

Microscopie électronique à balayage (MEB) réalisée sur un exopolysaccharide (EPS) d'origine hydrothermale : avant (a) et après (b) contact avec une solution de nickel (1cm = 12,5 µm). La présence de microsphères (flèches rouges) démontre la fixation des ions nickel par l'exopolysaccharide

fort prometteurs, les notions économiques et le coût de production de ces biopolymères, sans comparaison actuellement avec les résines, produits de synthèse ou autres techniques habituellement mises en œuvre. Des progrès sont attendus dans les domaines de la production et de l'ingénierie des polymères qui devraient conduire à leur utilisation dans le traitement des milieux contaminés, ou encore dans la récupération de métaux stratégiques.

Exemples de fixation de métaux par des exopolysaccharides. La coloration bleu indique la fixation d'ions cuivre et la coloration dorée celle de l'argent

Des biopolymères pour lutter contre des biopolymères ?

L'adhésion bactérienne sur toute surface immergée en milieu naturel est, dans la grande majorité des cas, initiée par une production des microorganismes pionniers de la colonisation, d'exopolymères constitués d'exopolysaccharides. Leur rôle dans la formation et le développement du voile bactérien, et les conséquences du biofilm, ont été évoquées dans les chapitres précédents.

Une solution pourrait être apportée par les biotechnologies bleues pour lutter contre le phénomène d'adhésion bactérienne. L'injection contrôlée de quelques exopolysaccharides bactériens dans les circuits d'eau de mer ou d'eau douce a prouvé que l'adhésion bactérienne pouvait être limitée, et par là-même, la formation d'un biofilm. Des niveaux de colonisation inférieurs à 10 % ont été observés sur des échantillons placés en eau de mer naturelle, après l'utilisation de quelques biopolymères, et ce, après 7 jours d'immersion et sans traitement additionnel, comparativement à un taux supérieur à 80 % sans traitement. Ces mêmes études ont été conduites également en laboratoire, en utilisant de l'eau de mer reconstituée, inoculée par différentes bactéries marines pionnières, et en eau de mer naturelle circulante, sur différentes surfaces métalliques (acier inoxydable, titane, aluminium) et non métalliques (verre, polycarbonate, Téflon).

À ce jour, les mécanismes ou la part de la composition chimique des exopolysaccharides, voire de leurs propriétés adhésives, ne sont pas clairement établis dans ce contrôle de l'adhésion bactérienne. Par contre, on a noté que les biopolymères n'avaient aucune action biocide sur les bactéries pionnières. Des actions physiques, comme des modifications de conditions de surface des matériaux (rapport hydrophobicité/hydrophile) et des bactéries planctoniques, sont à prendre en compte plutôt que des activités biocides qui seraient, elles, sujettes à de fortes, longues et onéreuses contraintes législatives. Ces données ouvrent des perspectives intéressantes dans la recherche d'alternatives à l'utilisation de composés toxiques pour lutter efficacement contre la formation des biofilms et leurs conséquences néfastes pour l'environnement.

Le challenge : limiter la formation de biofilms (et leurs conséquences) et lutter contre les composés toxiques grâce aux exopolysaccharides bactériens issus des biotechnologies.

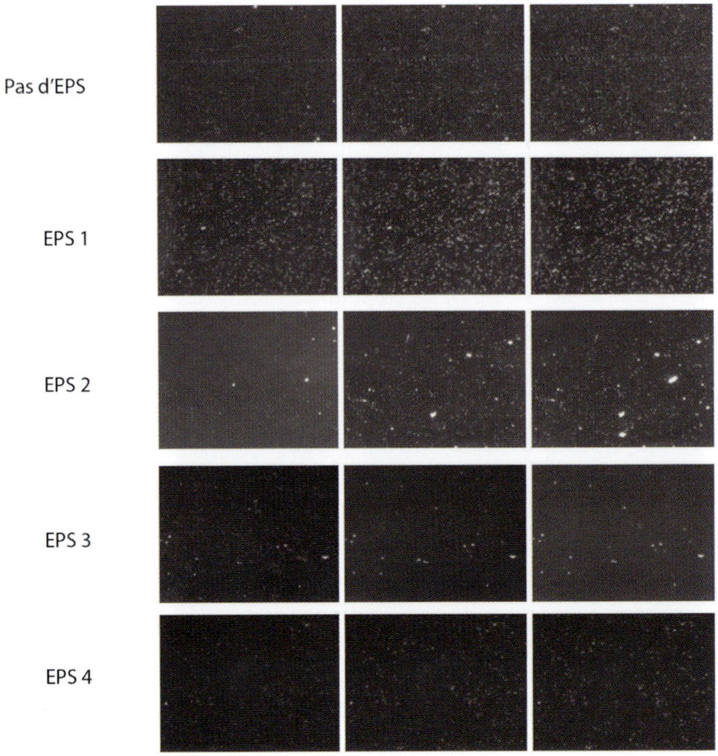

Colonisation bactérienne de surfaces conditionnées ou non avec des exopolysaccharides après 2, 5 et 7 jours d'immersion en milieu marin. La présence de points blancs traduit celle de microorganismes sur les surfaces

L'huître perlière : un exemple particulier !

Un exemple qui associe pouvoir adhésif et activité biologique. Une bien surprenante application des polymères bactériens : l'apport des biotechnologies marines dans l'élevage de l'huître perlière et la production de perles noires.

La perliculture est un secteur économique capital pour la Polynésie française. C'est la première ressource d'exportation (plusieurs dizaines de millions d'euros). Fin 2012, le Service de la perliculture de Tahiti recensait : 363 producteurs d'huîtres perlières et 379 producteurs de perles, répartis sur 26 îles et atolls polynésiens. Cette dissémination contribue non seulement à inverser le flux migratoire des îles vers Tahiti mais aussi à l'aménagement du territoire, avec le développement structurel des îles perlicoles. Les importations de *nucleus* se situaient, en 2012, aux alentours de 13 tonnes, avec comme objectif pour les perliculteurs, l'amélioration constante de la qualité de la perle.

La greffe est une opération chirurgicale au cours de laquelle le greffon, un morceau de l'épithélium du manteau de l'huître donneuse, est inséré conjointement avec une bille de nacre, le *nucleus*, dans la poche perlière de l'huître receveuse. La bordure épithéliale ainsi greffée se multiplie et tapisse la poche perlière pour donner le sac perlier qui englobe le *nucleus*. Durant environ 15 mois, le sac perlier dépose des couches de nacre autour du *nucleus*, produisant au final le trésor tant convoité par la gente féminine : une perle noire. Mais tout n'est pas si simple ! Des mortalités et des rejets de *nucleus* se produisent, principalement pendant les 45 jours suivant la greffe. Ils touchent, en Polynésie française, de 10 à 40 % des huîtres greffées suivant les fermes. Ces taux importants de mortalité et de rejets post-greffes sont essentiellement dus à une réaction inflammatoire, à l'absence de cicatrisation rapide des tissus incisés et à la contamination par des bactéries pathogènes (*Vibrio* sp., notamment). Pour lutter contre ces méfaits, les fabricants de nucleus déposaient jusqu'alors à la surface du noyau de nacre un enrobage de nature synthétique contenant des antibiotiques, aujourd'hui interdits en aquaculture, du fait de leur nocivité pour l'environnement. L'alternative proposée par les biotechnologies à consister à substituer de tels enrobages par des biopolymères naturels (exopolysaccharides (EPS) et polyhydroxyalcanoates (PHA), en prenant en compte leurs

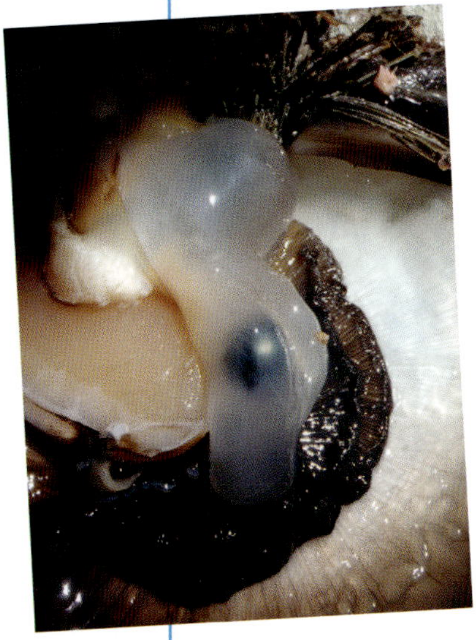

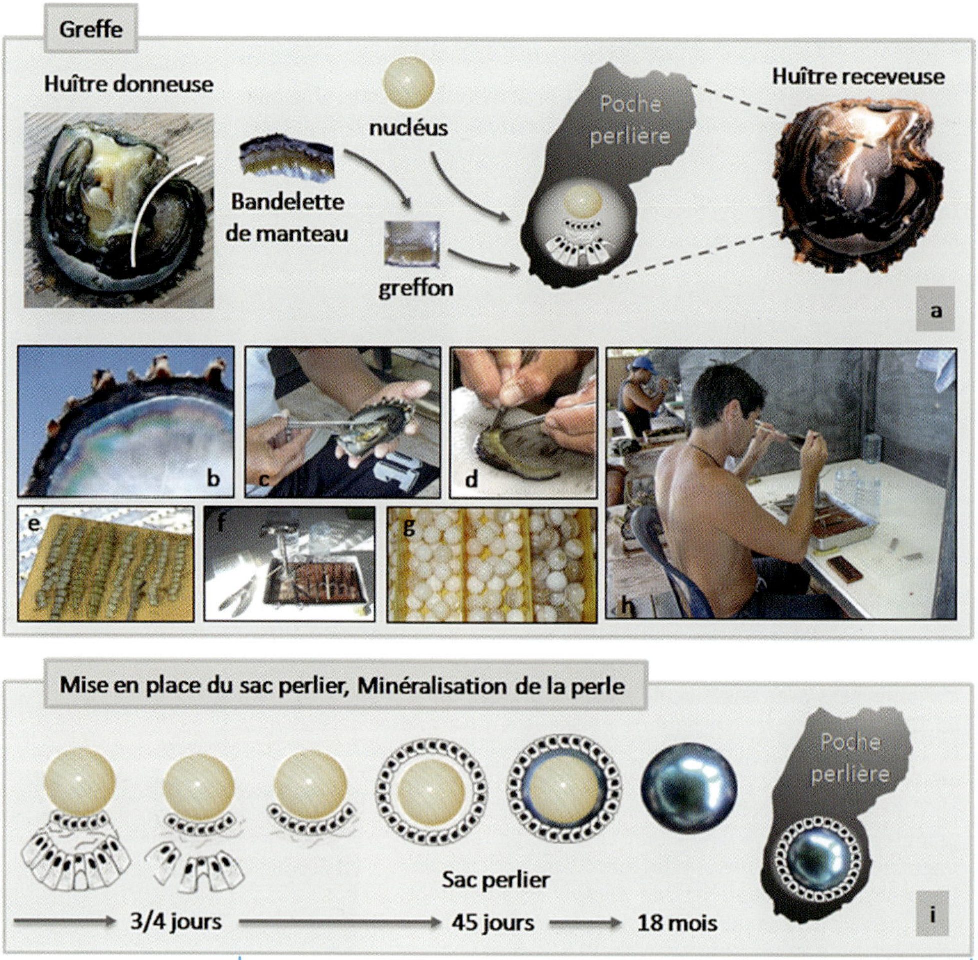

propriétés filmogènes, chélatrices, parfois anti-inflammatoire, combinés à l'activité anti-infectieuse de peptides antimicrobiens, eux-mêmes, d'origine naturelle !

Au cours d'études menées au laboratoire de Biotechnologies marines de l'Ifremer de Brest, des propriétés filmogènes et inhibitrices de l'adhésion bactérienne de quelques exopolysaccharides (EPS) ont été démontrées, de même que leurs propriétés chélatrices et même anti-inflammatoires. Ces biopolymères avaient tous comme particularité d'être synthétisés par des bactéries ayant comme habitats d'origine, soit les sources hydrothermales profondes, soit les tapis microbiens des atolls polynésiens.

Cette équipe a également démontré le caractère filmogène des PHA, associé pour certains d'entre eux, à une propriété d'inhibition de la croissance bactérienne (de *Vibrio* sp., bactérie pathogène couramment rencontrée chez les huîtres). La différence entre l'utilisation de ces deux types de biopolymères se situe à plusieurs niveaux : la stabilité du film en milieu aqueux (les polysaccharides étant solubles dans l'eau, ce que ne sont pas les polyesters comme les PHA), l'interaction avec les peptides antimicrobiens et la préservation de leur efficacité, mais également l'interaction avec les ions calcium et magnésium impliqués dans le processus de formation de la perle noire. Les exopolysaccharides ont par exemple cette fonction chélatrice forte que ne possèdent pas réellement les polyesters bactériens. Mais l'objectif reste le même : prévenir la prolifération de bactéries pathogènes au niveau du sac perlier et éviter la production de perles de mauvaise qualité, voire la mort de l'huître porteuse.

Parallèlement, une équipe de l'Ifremer de Montpellier a caractérisé un certain nombre de peptides antimicrobiens (PAM) naturels, molécules effectrices de l'immunité innée. Ceux-ci, du fait de leurs propriétés spécifiques (biodégradabilité et innocuité pour l'environnement), sont considérés comme une bonne alternative à l'usage d'antibiotiques conventionnels. L'association de ces deux types de produits naturels (biopolymères et peptides antimicrobiens) a trouvé une application dans la perliculture, notamment pour la greffe et les problèmes inhérents à cette opération délicate dans l'obtention de la perle noire.

Dans un premier temps, des études ont été menées en laboratoire afin de valider, d'une part, la propriété filmogène des biopolymères et la stabilité des films et, d'autre part, l'association d'un **peptide antimicrobien** (tachyplésine) dans les enrobages. Ces études sur des séries de *nuclei* destinés à la perliculture ont permis de sélectionner quelques exopolysaccharides (EPS) et polyhydroxyalcanaotes (PHA), et démontré le maintien de l'efficacité de l'activité antimicrobienne de la tachyplésine, associée à l'un ou l'autre des biopolymères.

La seconde phase du projet a démontré la faisabilité industrielle pour l'enrobage des *nuclei*. L'ultime phase a consisté à tester ces caractéristiques sur plus de 6 000 *nuclei* greffés. Les premières analyses et observations réalisées après 40 jours, puis 18 mois de greffe, montrent des résultats très encourageants avec des taux de rejet et de mortalité équivalents ou inférieurs à ceux observés avec des revêtements synthétiques.

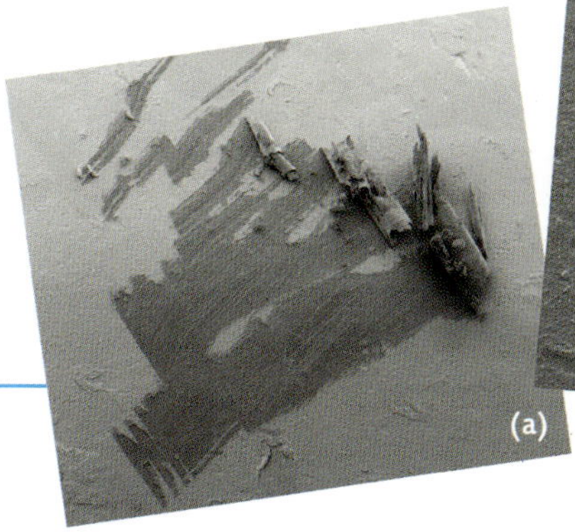

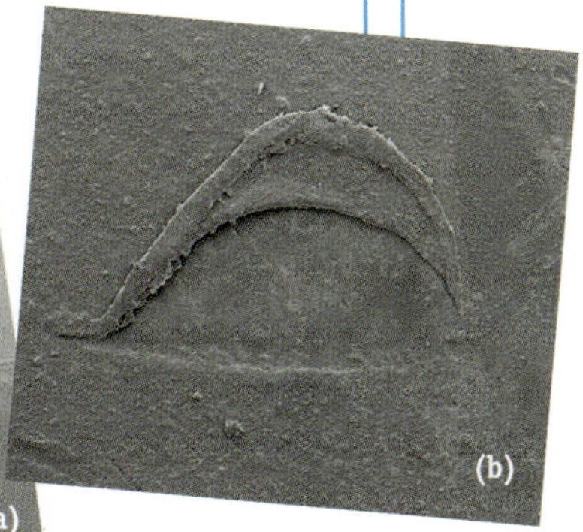

(a) Microscopie électronique à balayage (MEB, échelle : 1 cm = 10 µm) réalisée sur un *nucleus* après enrobage par un film de PHA. La présence de PHA sous forme d'un film homogène est illustrée après initiation volontaire d'un défaut dans le film.
(b) Même opération réalisée sur un *nucleus* après enrobage par un film d'EPS. La présence de polysaccharide sous forme d'un film homogène est illustrée après initiation volontaire d'un défaut dans le film

D'autres pistes sont envisagées pour les biopolymères. Une utilisation comme moyen de lutte contre la corrosion en milieu marin dont les coûts annuels sont de plusieurs milliards d'euros (opérations de maintenance, utilisation de matériaux onéreux, dégâts environnementaux...). La protection des matériaux contre la corrosion marine est réalisée selon les conditions *in situ* et la nature des matériaux : protection cathodique, anodes sacrificielles, utilisation d'inhibiteurs de corrosion ou de produits chimiques, et revêtements de toute nature permettant de lutter contre le développement des microorganismes. Des métaux lourds et toxiques (cuivre, étain, plomb...) étaient jusque-là fréquemment associés à ces revêtements avec le risque potentiel d'impact sur la faune et la flore marines. Les législations ont évolué restreignant l'utilisation des revêtements et des peintures *anti-fouling*.

Les exopolysaccharides ont un rôle essentiel dans la formation des biofilms et de leur impact sur la corrosion des métaux en milieu naturel. L'utilisation de ces biopolymères peut, dans certains cas, constituer une alternative à d'autres approches moins écologiques. Leurs propriétés filmogènes et adhésives ainsi que leur pouvoir de fixation des ions métalliques peuvent limiter le processus de corrosion. Dans le cas d'aciers doux, l'interaction avec les ions ferreux et ferriques peut conduire à la formation d'un film insoluble, protecteur, sur les surfaces. Cette fixation des ions est favorisée par la présence de groupements carboxyliques que l'on retrouve fréquemment chez les exopolysaccharides produits par des bactéries hydrothermales.

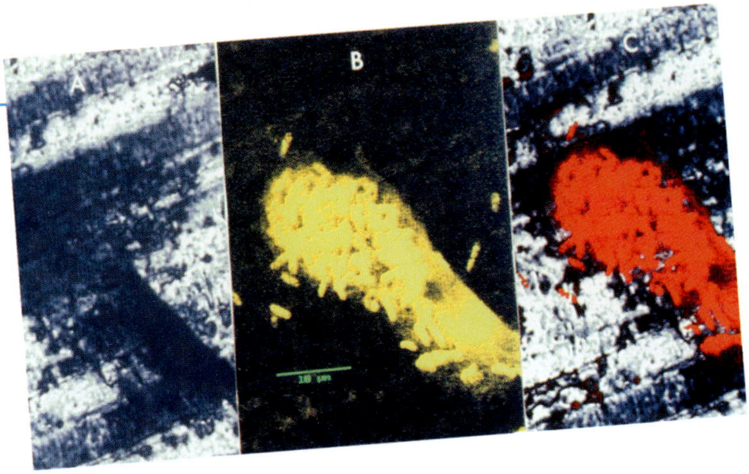

Corrosion liée à la présence d'un biofilm sur un échantillon d'acier doux. À noter la coïncidence entre la zone sombre (corrodée) sur la photo a, et la présence de bactéries et d'exopolymères sur les photos b et c

Action des exopolysaccharides lors de la corrosion d'aciers doux en milieu naturel

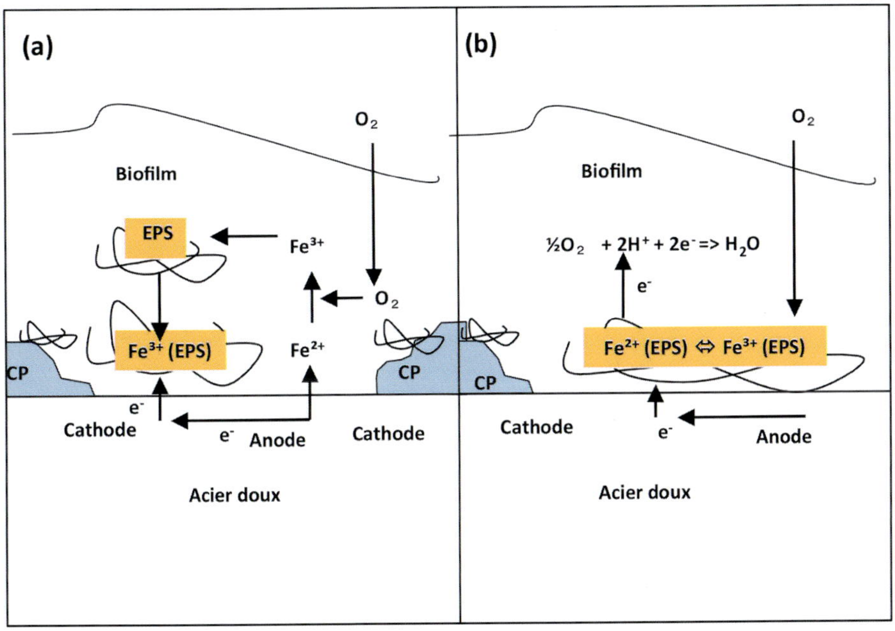

a) Sur l'anode, le fer est oxydé en ions ferreux (Fe^{2+}), eux-mêmes oxydés en ions ferriques (Fe^{3+}) par l'oxygène (O_2) diffusant dans le biofilm. Ces ions ferriques sont piégés par les exopolysaccharides pour former un complexe EPS/Fe^{3+} à la surface, complexe qui va interférer avec les réactions d'oxydo-réduction et le transfert d'électrons.

b) Les ions ferreux (Fe^{2+}) sont directement piégés par les exopolysaccharides et oxydés au sein du complexe EPS/Fe^{2+} pour former un complexe EPS/Fe^{3+} qui peut interférer avec le transfert d'électrons vers l'accepteur (oxygène). L'inhibition du processus de corrosion peut être liée à une modification des réactions d'oxydo-réduction au niveau des surfaces ou par un effet barrière des complexes EPS/M^{n+}.

Les polyesters biodégradables de l'environnement hydrothermal

De manière surprenante, et sans qu'une explication ait pu être apportée à ce jour, la synthèse de polyesters biodégradables (PHA) n'est pas apparue comme une caractéristique dominante des microorganismes de l'extrême. Pourtant des études préliminaires avaient identifié dans ces environnements, des monomères nouveaux ou rares (acides gras hydroxylés constitutifs des monomères), suscitant une grande curiosité. Les actions ultérieures de criblage n'ont pas apporté les résultats escomptés : difficulté à isoler les microorganismes producteurs *via* les méthodes de criblage habituelles, effets de synergie non pris en compte lors des études en laboratoire, manque de connaissance des substrats carbonés ayant conduit à la présence des nouvelles structures monomériques. La biologie moléculaire devrait confirmer ou infirmer cette observation.

Les métabolites secondaires et l'environnement hydrothermal

La recherche de molécules bioactives à proximité des sources hydrothermales n'a été qu'abordée à ce jour, à l'exception de loihichelines, sidérophores isolées d'une bactérie *Halomonas* LOB-5 (Loihi Seamount, Hawaii, – 1 174 mètres) et des ammonificines synthétisées par une bactérie thermophile (température de croissance : 75 °C), *Thermovibrio ammonificans*, isolée sur la paroi d'une cheminée active de l'East Pacific Rise à – 2 600 mètres. Ces molécules ont démontré une activité biologique intéressante, notamment pour l'induction de l'apoptose. Même chose pour deux dérivés de céramides (Bathymodiolamides A et B) possédant, en plus, des activités anticancéreuses, extraits d'une moule hydrothermale *Bathymodiolus thermophilus*, avec toujours la même interrogation sur l'origine de ces molécules.

En bref, des résultats « anecdotiques » quand on imagine ce qu'il reste à découvrir chez ces microorganismes vivant dans des conditions particulières. Beaucoup d'attentes quant aux opportunités offertes par la génomique et la métagénomique, permettant d'accéder à la fraction difficilement cultivable des populations bactériennes de ces écosystèmes. Tout reste encore à découvrir chez ces microorganismes de l'extrême !

Des pôles au tapis du paradis !

Des pôles au tapis du paradis !

On ne connaît pas la mer en se contentant de l'observer.
On ne connaît pas la mer en venant de contempler un beau paysage.
Pour la connaître, il faut s'y plonger, s'y lancer à corps perdu, oublier la mer en s'offrant à la mer, se perdre dans l'inconnu comme dans une femme aimée.
Rien ne distingue l'azur et l'eau. C'est un monde que les mots ne peuvent pas décrire.

Mahmoud Darwich

De la tenue polaire au maillot de bain ! Des continents froids aux îles paradisiaques de la Polynésie ! Lesquels ont votre préférence ? Dans les deux cas, les écosystèmes hébergent des microorganismes originaux. Original peut aussi signifier nouvelles molécules ! Alors pourquoi ne pas explorer le potentiel de ces microorganismes qui ont dû, eux aussi, s'adapter à un environnement spécifique et variable.

Page précédente
Mare à "kopara", Polynésie française.

Les écosystèmes froids : Arctique et Antarctique

Les études sur le potentiel biotechnologique de bactéries isolées à partir des environnements froids (continents Arctique et Antarctique) sont elles-aussi limitées. À ces milieux de basses températures, dotés de conditions physico-chimiques particulières, correspond une population microbienne spécifique. Les basses températures ont au moins deux effets sur les paramètres physico-chimiques du milieu, à savoir diminution des vitesses de réactions et diminution de la viscosité. Mais tout cela n'est pas incompatible avec une vie microbienne. Elle est bien présente, avec des populations du même ordre de grandeur que celles rencontrées dans des climats plus tempérés, soit de l'ordre de quelques millions de cellules par millilitre. Les microorganismes colonisant ces environnements sont alors dits psychrophiles ou psychrotolérants. Les bactéries psychrotolérantes peuvent se développer à des températures proches de 0 °C, leurs températures optimales de croissance allant jusqu'à 20 °C, et parfois au-delà. Quant aux bactéries psychrophiles, elles ne peuvent se développer à 15 ou 20 °C, leur croissance optimale s'établissant à des températures plus basses. Les conditions physico-chimiques des écosystèmes froids nécessitent des adaptations (via la synthèse de molécules spécifiques) pour survivre dans ces environnements hostiles.

Les enzymes sont de très loin les molécules les plus étudiées aujourd'hui, ils pourraient trouver des applications dans de nombreux secteurs des biotechnologies. Ces « enzymes du froid » ont des structures plus flexibles que leurs homologues issus de bactéries mésophiles et thermophiles. Leur principal avantage : leur capacité à fonctionner à basse température permet d'éviter des apports énergétiques coûteux, soit une économie d'énergie. Ces enzymes ont également un haut degré de stéréospécificité qui favorise la synthèse de produits purs, et limite le nombre de co-produits indésirables, comme cela peut se produire à haute température. L'élimination de ces co-produits nécessite alors des étapes ultérieures de purification qui génèrent inévitablement un coût additionnel. Autre point important lié à leur utilisation : leur faible thermostabilité, qui en fait un atout lors de la nécessité de bloquer ou d'inactiver leur action par simple chauffage.

Quant aux applications majeures de ces enzymes, citons en tout premier lieu, l'industrie de la détergence (fonctionnement à basse température associé à la notion d'économie d'énergie – protéases, lipases, amylases et cellulases), l'industrie du textile, l'industrie agroalimentaire (additifs comme les β galactosidases, des enzymes permettant, même à basse température, l'élimination de lactose dans le lait), et la cosmétique. D'autres applications sont envisagées pour des pectinases dans l'industrie des jus de fruits, dans l'alimentation animale, en biologie moléculaire et en synthèse organique, notamment pour la production de médicaments. Mais là également et malgré ce vrai potentiel, peu de développements commerciaux réalisés à ce jour, à l'exception d'enzymes encapsulées utilisées dans le domaine de la détergence pour économiser les coûts de production.

Mer de glace vue de dessous. La coloration est due à la présence de microalgues et autres microorganismes

À côté de ces enzymes, les exopolysaccharides pourraient également trouver des développements industriels. Les « microorganismes du froid » ont développé, à des fins de survie ou d'adaptation, des stratégies spécifiques. Parmi celles-ci, il y a la production des polymères exocellulaires dont les fonctions vont de la protection contre des radiations trop intenses, à la concentration de la matière organique et des oligo-éléments lors de basses

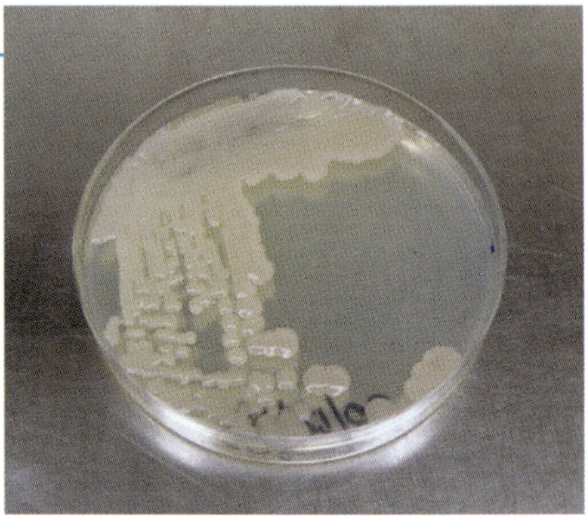

Culture bactérienne sur milieu solide réalisé à 2 °C. La présence de colonies mucoïdes lors de la culture de microorganismes isolés de la mer de glace, près du continent Antarctique, traduit la synthèse d'exopolysaccharides

températures. Il y a aussi celle de préserver les systèmes enzymatiques nécessaires au fonctionnement de ces microorganismes, d'une trop rapide dénaturation à basse température. Ces exopolysaccharides ont donc un rôle majeur dans la survie des microorganismes de cet environnement hostile. La synthèse de biopolymères est illustrée par une bactérie (*Pseudoalteromonas* sp.) qui, à - 2 °C, produit un exopolysaccharide 30 fois plus qu'à 20 °C ! La production des exopolysaccharides induit une diminution de la température de transformation de l'eau en glace et la rend ainsi plus accessible aux microorganismes. Il en est de même pour d'autres macromolécules comme les protéines et glycoprotéines (association de sucres et de protéines). Leur fonction de protection contre les basses températures en font de possibles cryoprotecteurs, certaines de ces molécules sont déjà exploitées en ce sens, notamment dans la cosmétique.

D'autres pistes pourraient être exploitées comme celle des lipides de bactéries et d'archées. Leurs membranes sont constituées pour une grande part de lipides, plus précisément d'éthers de glycérol pour ce qui concerne les archées et d'esters de glycérols s'agissant des bactéries. Les premiers peuvent trouver des applications dans la vectorisation de principes actifs, tandis que les seconds pourraient être considérés comme une source intéressante d'acides gras polyinsaturés. Ces derniers sont rares chez les bactéries mésophiles. Les microorganismes psychrophiles, par contre, en synthétisent pour préserver la flexibilité de leur membrane. La demande croissante d'acides gras polyinsaturés fait de ces « bactéries du froid » une opportunité de développement industriel. Les acides gras sont essentiels en aquaculture pour le développement et la croissance de nombreuses espèces (saumon). Néanmoins, la réalité économique constitue un frein à la production de ces lipides, leur coût de production étant pour le moment inadapté à l'échelle industrielle. Toutefois, la possibilité de transférer les gènes de ces bactéries psychrophiles et psychrotolérantes (productrices d'acides gras polyinsaturés) vers des levures ou même des plantes, est sérieusement envisagée.

Image montrant une souche de thraustochytride isolée des eaux australiennes. Ces microorganismes pourraient se révéler être une source alternative à la demande en acides gras et notamment en omega-3

Quelques exemples d'applications des « microorganismes du froid » et de leurs métabolites	
Microorganisme/Produit	**Applications**
PUFA (acides gras polyinsaturés)	Alimentation humaine, aquaculture
Protéines	Antigel (agroalimentaire, neige artificielle)
EPS (+ **glycoprotéines**)	Environnement, cosmétique (cryoprotection)
Archées	Lipides (liposomes, vectorisation)
Enzymes (DNA polymérase, lipases, protéases, pectinase, galactosidase, amylase, xylanase,..)	Détergence, agroalimentaire, industrie du textile, biologie moléculaire, chimie de synthèse, pharmacologie...
Bactéries psychrophiles/psychrotolérantes	Bioremédiation en milieux froids
Archées psychrophiles/psychrotolérantes	Traitement des eaux usées, production de méthane

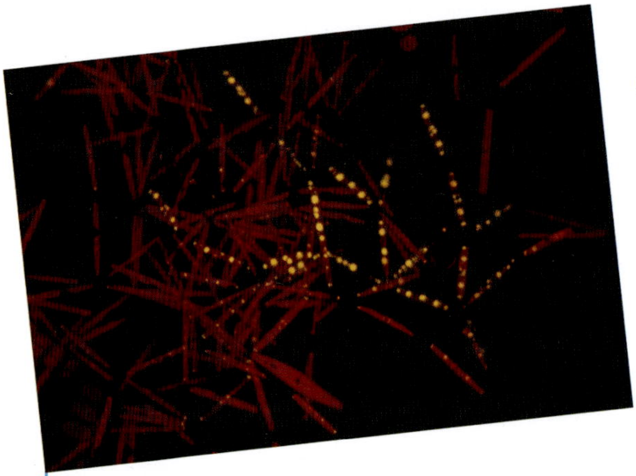

Diatomées prélevées près de la station Mc Murdo en Antarctique. En utilisant les colorants appropriés (Rouge du Nil), il est possible de noter la présence de lipides (acides gras) à l'intérieur des cellules

Les zones arctiques et antarctiques ne sont pas épargnées par les pollutions accidentelles, notamment celles liées au transport des produits pétroliers. Lors de ces pollutions, l'activité de bioremédiation pourrait être mise à profit lors de circonstances impliquant des écosystèmes caractérisés par de basses températures.

Les mares à Kopara

Les tapis microbiens tels que ceux présents sur quelques atolls de Polynésie française, parfois épais de plusieurs dizaines de centimètres, appelés « Kopara » par les habitants des lieux, font l'objet, depuis quelques années, d'investigations autour du potentiel biotechnologique des microorganismes qui les constituent. Les sédiments de ces mares sont les plus anciennes formes de vie existantes sur Terre que les géologues et paléontologistes dénomment stromatolites. Ce « kopara » provient de l'action des microorganismes (cyanobactéries et bactéries), avec la présence d'exopolymères, de carbonates de calcium et de magnésium résultant de leur métabolisme.

Un peu d'étymologie... Vous avez dit Kopara ?

« Kopara » vient du Paumotu (ou « opara » en langue Mihiroa, dialecte Paumotu, proche du Tahitien). Il se traduit par « boue noire », « vase d'eau douce », « boue séchée », ou encore « boue solide », mais molle quand elle sèche. La particule ko dans le mot kopara pourrait signifier « c'est » ou « est » ou encore « devenir », que l'on pourrait traduire par « c'est mûr » ou « devenir mûr », « c'est de la boue » ou enfin « c'est devenu de la boue »

Exemples de tapis microbiens (mares à Kopara).
Ces tapis microbiens peuvent être soumis, selon les conditions climatiques et leur positionnement, à des variations significatives en termes de salinité, pH et oxygène dissous, conduisant au développement de populations bactériennes adaptées à de tels changements

Profil de carotte prélevée dans les mares à Kopara

Les tapis microbiens abritent en surface (oxygénée) des populations de cyanobactéries et de bactéries aérobies, tandis que les couches inférieures favorisent, du fait d'une oxygénation limitée, le développement de bactéries anaérobies comme les bactéries sulfato-réductrices, génératrices d'hydrogène sulfuré. Les conditions physico-chimiques et leurs variations, liées au positionnement géographique des tapis microbiens des atolls, favorisent le développement d'une population de microorganismes ayant développé des stratégies d'adaptation aux conditions atypiques et à leurs variations. Cette population bactérienne peut, à juste titre, être considérée comme un source potentielle de molécules d'intérêt biotechnologique.

Très peu d'études ont été engagées à ce jour, sur la recherche de molécules bioactives et métabolites secondaires provenant des microorganismes des tapis microbiens. Peu de résultats aussi pour le moment. Mais tout laisse à penser que ces microorganismes possèdent un formidable potentiel. Des études préliminaires, réalisées sur quelques dizaines de microorganismes isolées des mares à « Kopara », ont d'ores et déjà révélé la présence de molécules anti-microbiennes, sans qu'une identification précise n'en ait été faite. Par contre, un pigment découvert s'est révélé important pour le domaine médical, l'ophtalmologie particulièrement. Il s'agit de la molécule 3R-3R'zéaxanthine, produite en conditions de laboratoire par une bactérie, *Paracoccus* sp. provenant des tapis microbiens. Ce composé, tout comme la lutéine, appartient à la classe des caroténoïdes, il est connu comme un pigment de la rétine. Ces deux pigments auraient un effet protecteur (vitaminoprotection) contre certaines formes de dégénérescence rétinienne, notamment contre la dégénérescence maculaire liée à l'âge (DMLA). La possibilité d'exploiter ce pigment bactérien n'a pas encore été prise en considération mais pourrait faire l'objet d'études complémentaires dans les années à venir. D'un point de vue production biotechnologique, cette synthèse est associée à celle d'un exopolysaccharide, hautement sulfaté, présentant un intérêt potentiel dans le domaine de la santé.

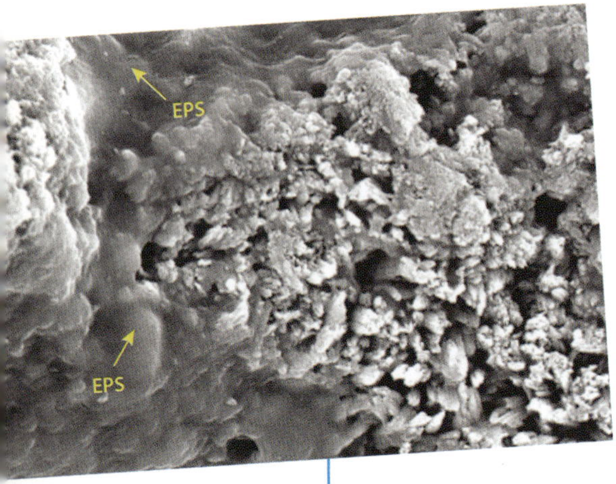

Présence de biopolymères (exopolysaccharides) assurant la cohésion des microorganismes de ces tapis microbiens

L'étude des biopolymères, issus des tapis microbiens, est plus avancée. Elle a débuté de manière fortuite, par une analyse de routine, sur un échantillon prélevé au hasard lors d'une campagne de localisation. Les analyses de cet échantillon, en particulier celle de sa composition globale en oses (sucres), ont été suffisamment probantes pour initier un programme plus ambitieux autour de ces mares à « kopara ». Le programme a commencé par l'établissement d'une collection de microorganismes isolés de mares, localisées sur différents atolls de Polynésie, collection riche, à ce jour, de plus de 2 000 isolats. Un criblage partiel effectué sur cette collection, a conduit rapidement à l'identification de plusieurs dizaines de polysaccharides. La plupart de ces exopolysaccharides présente un caractère anionique par la présence d'acides uroniques (galacturonique, glucuronique) et de substituants comme des groupements acétate ou lactate. Ce caractère anionique confère à ces polymères un potentiel de chélation (rétention, piégeage) des ions métalliques. Des valeurs importantes de fixation de ces ions ont notamment été observées, pour au moins trois d'entre eux, s'agissant d'ions divalents comme le cuivre ou le nickel ou d'ions monovalents comme l'argent. Cette capacité à retenir des ions métalliques pourrait être exploitée dans différents secteurs industriels. De fait, des études de valorisation sont actuellement en cours dans les domaines médical (vectorisation d'oligo-éléments ou élimination du fer dans le cas d'hémochromatose) et cosmétique (vectorisation d'ions métalliques – cuivre, argent, zinc – comme agents antimicrobiens sous forme de complexes incorporés dans les formulations).

(a) Production simultanée d'un exopolysaccharide très sulfaté (> 25 %) ; (b) d'un pigment d'intérêt biotechnologique, la 3R-3R'zéaxanthine

Cette recherche de biopolymères a déjà fourni des molécules commercialisées dans l'industrie de la cosmétique. Trois de ces exopolysaccharides « exotiques » ont fait l'objet d'un développement industriel, quelques autres sont en phase d'évaluation. Ces trois exopolysaccharides, biosynthétisés par des bactéries appartenant aux genres *Alteromonas* sp. et *Vibrio* sp., sont exploités, notamment pour leurs propriétés hydratantes et régénératrices du derme.

Deux autres polysaccharides, parmi ceux identifiés à ce jour, présentent des taux de sulfate élevés avec des teneurs supérieures à 20 %. La présence de telles teneurs en sulfate est rare pour des polysaccharides synthétisés par des bactéries, teneurs fréquemment rencontrées chez les polysaccharides d'origine algale. Cette présence de sulfates laisse présager des propriétés biologiques intéressantes, comme anticoagulants ou anti-thrombotiques pour le domaine cardio-vasculaire par exemple, de même que des propriétés liées à la solubilité de cet exopolymère.

Un autre exopolysaccharide a été identifié à partir d'une bactérie appartenant au genre *Vibrio.* Il se caractérise par de hautes teneurs en oses amines et oses acides. Cette composition chimique fait penser à d'autres structures déjà connues et utilisées dans de nombreux secteurs industriels, comme l'acide hyaluronique. La composition chimique de ce polysaccharide se rapproche de celle identifiée à partir d'une bactérie appartenant également au genre *Vibrio* et isolée d'un écosystème hydrothermal profond. Ce biopolymère a, lui aussi, démontré, au cours de différentes études, un pouvoir de cicatrisation dermique. D'autres *Vibrio* sp. isolés de nouvelles mares à Kopara ont montré ce potentiel de synthèse de ce que l'on peut appeler des GAG (glycosyaminoglycanes) et héparine-like, soit des EPS dont la structure chimique les rapproche de la chondroïtine et de l'acide hyaluronique (voir chapitre précédent).

Hydrothermalisme côtier en Nouvelle-Calédonie

Mais cet environnement s'est également révélé comme un « pourvoyeur » de souches bactériennes capables de production de polyesters biodégradables (PHA). De nombreuses souches productrices (plus de 50 à ce jour) de ce type de biopolymères ont été identifiées grâce à l'utilisation des outils performants de biologie moléculaire. Certaines d'entre elles pourraient utiliser des sources de carbone tout à fait inhabituelles, et générer une réduction conséquente des coûts de production. Une démarche naturellement recherchée par les industriels ! À ce jour, ont été ainsi utilisés à l'échelle du laboratoire, des co-produits de l'exploitation de la noix de coco, huile de palme, industrie de la moutarde, industrie de la cosmétique (surplus de polyéthylène glycol), industrie forestière, industrie pétrolière (glycérol comme co-produit de raffinerie). L'un de ces biopolyesters fait actuellement l'objet d'investigations spécifiques dans le domaine du film et packaging alimentaires.

Reste encore à exploiter le domaine des métabolites secondaires. Nul doute que de bonnes surprises sont à attendre de ces études !

Autres milieux

Ces différents milieux ne sont que quelques exemples de la diversité d'écosystèmes atypiques présents sur notre planète. L'exploration d'autres milieux extrêmes a permis d'isoler des bactéries aptes à produire des exopolysaccharides, tels les milieux très acides ($pH < 3$), conditions que l'on retrouve par exemple dans l'exploitation minière, ou encore des milieux très alcalins. Des archées, principalement thermophiles et halophiles, ont été identifiées comme produisant des exopolysaccharides (polysaccharides sulfatés notamment), et présentant des activités biologiques. Il semble toutefois difficile d'envisager des applications industrielles pour de tels biopolymères, compte tenu de leur habitat naturel, des conditions de croissance et de fermentation requises.

Enfin, quelques biotopes de Nouvelle-Calédonie (mangroves, zones coralliennes, hydrothermalisme côtier) ou du golfe des Caraïbes ont également fait l'objet de premières investigations avec, en retour, l'identification d'expolysaccharides présentant des similitudes de structure avec l'acide hyaluronique.

Mangrove en Guyane

Exemples d'exopolysaccharides produits par des bactéries issues de différents milieux atypiques		
Microorganisme	**Habitat d'origine**	**Applications possibles**
Pseudoalteromonas sp.	Source hydrothermale profonde Fidji - 2 000 m	Gélifiant (agroalimentaire, cosmétique)
Alteromonas sp.	Source hydrothermale profonde Fidji - 2 000 m	Épaississant, bioremédiation, santé (cardio-vasculaire)
Alteromonas infernus	Source hydrothermale profonde Bassin de Guaymas - 2 000 m	Antithrombotique/anticoagulant Immunomodulation
Alteromonas macleodii subsp *fijiensis*	Source hydrothermale profonde East Pacific Rise - 2 600 m	Cosmétique (Brevet PCT 94907582-4) **Commercialisé**
Alteromonas sp.	Source hydrothermale profonde East Pacific Rise - 2 600 m	Biodétoxification (métaux lourds)
Vibrio diabolicus	Source hydrothermale profonde East Pacific Rise - 2 600 m	Régénération dermique, régénération osseuse (Brevet US 7015206B2). **Commercialisé**
Thermococcus litoralis	Source hydrothermale peu profonde, Italie	Biofilm (bioremédiation)
Geobacillus sp.	Sédiment source hydrothermale peu profonde, Italie	Application pharmaceutique
Bacillus thermodenitrificans	Source hydrothermale peu profonde, Italie	Antiviral et propriété immunomodulatrice
Bacillus licheniformis	Source hydrothermale peu profonde, Italie	Activité antivirale
Pseudoalteromonas sp.	Sédiments profonds, mer Jaune, Chine	Floculant
Pseudoalreromonas sp.	Matériel particulaire, Antarctique	Cryoprotection
Pseudoalreromonas sp.	Matériel particulaire, Antarctique	Biodétoxification (métaux lourds)
Colwellia psychrerythraea	Sédiments marins, Arctique	Cryoprotection
Haloferax mediterranei	Méditerranée	RAH (salinité élevée)
Haloferax chejuensis	Sédiment marin, Corée	Biosurfactant et bioremédiation
Haloferax alkalinantarctica	Lac Salé, cap Russel, Antarctique	Pouvoir viscosant (RAH)
Vibrio sp.	Tapis microbien, Polynésie française	Cosmétique = **Commercialisé**
Alteromonas sp.	Tapis microbien, Polynésie française	Cosmétique = **Commercialisé**

Récif corallien du golfe des Caraïbes

Quelles autres applications ?

Quelles autres applications ?

Si nous envoyions au fond de la mer toute la médecine que nous utilisons,
ce serait tant mieux pour nous et tant pis pour les poissons.
Olivier Wendel Holmes

Outre les molécules bioactives et les biopolymères, d'autres possibilités de développements biotechnologiques existent pour les bactéries. Elles sont alors non plus considérées comme des usines de production, mais comme des usines cellulaires. Plusieurs secteurs des biotechnologies sont directement concernés. En tout premier lieu, nous trouvons les biotechnologies dites « environnementales » qui utilisent les innovations et le potentiel de la biotechnologie et de la microbiologie pour résoudre les problèmes liés à la protection et à la préservation de l'environnement. En associant écologie et biotechnologie, elles permettent d'exploiter de nouveaux procédés, plus propres et plus compétitifs, assurant ainsi l'équilibre naturel de la planète et de la biosphère.

Biotechnologies environnementales, bioremédiation, biolixiviation, molécules *antifouling*,... autant de domaines où ces microorganismes ont aussi un rôle à jouer.

Page précédente
Fouling : le nécessaire carénage annuel !

Les principaux secteurs concernés par les biotechnologies environnementales sont évidemment la décontamination des sites pollués, le traitement et recyclage des déchets et des odeurs, le traitement de l'eau, la surveillance des agents pathogènes dans l'environnement et les énergies renouvelables. À ces secteurs d'activités, il convient d'ajouter la recherche d'alternatives aux matériaux plastiques qui constituent un problème majeur pour l'environnement.

Les biotechnologies et l'environnement

La protection de l'environnement est cruciale pour notre qualité de vie, c'est aussi et surtout, un problème de santé humaine. La pollution fait malheureusement partie de notre quotidien (matériaux plastiques non dégradables, utilisation abusive de pesticides, herbicides, fongicides, contaminations accidentelles de nappes phréatiques par des produits chimiques, fortes concentrations en métaux lourds – plomb, zinc, cadmium, cuivre, aluminium, radionucléides – dans les sols, sédiments et milieux aquatiques). Le milieu marin n'est pas épargné par les problèmes de pollutions organiques et inorganiques. Il a toujours été confronté aux pollutions, notamment industrielles, (échouage de super-tankers : *Amoco-Cadiz*, *Tanio*, *Exxon-Valdez*, *Prestige*, ou encore *Erika*, pour ne parler que des grandes pollutions, ou dégazage de pétroliers en haute mer) avec les conséquences visuelles, et néfastes pour la faune et la flore. Du fait des activités industrielles et agricoles en amont, les fleuves et rivières contribuent à cet « enrichissement » du milieu marin en produits contaminants de toute nature. Ces échanges avec le milieu terrestre facilitent l'introduction de souches bactériennes pathogènes.

Toutes ces pollutions ont commencé à réveiller les consciences jusqu'à devenir un véritable phénomène de société. La préservation et la protection de l'environnement, en particulier du milieu marin, sont deux objectifs parmi les grands challenges du XXIe siècle. Les biotechnologies peuvent contribuer de manière significative à la protection de cet environnement sensible. Des pistes ont été validées avec succès, en utilisant des plantes et algues qui captent ou fixent les éléments toxiques dans un environnement donné. De même, les microorganismes (cyanobactéries, microalgues, champignons, bactéries, archées) peuvent apporter des solutions à nombre de problèmes et permettre une plus grande efficacité, spécificité, une totale sécurité et innocuité et un meilleur ratio coût/efficacité.

Interactions entre une bactérie et des ions métalliques

1. Biosorption en relation avec les constituants de la paroi (peptidoglycanes, lipopolysaccharides) ;
2. Interaction avec des protéines et formation de complexes protéines-métal ;
3. Précipitation avec formation de phosphates et de sulfures - ex : les bactéries sulfato-réductrices (BSR) réduisent les ions sulfates en sulfures (H_2S) qui, en contact des ions métalliques précipitent sous forme de sulfures métalliques (MS) ;
4. Réactions enzymatiques conduisant soit à la formation de métal (ex : mercure-Hg-), de sa forme oxydée ou sous forme de composés organométalliques ($M\text{-}CH_x$) ;
5. La cinquième possibilité concerne la production de biopolymères dont les EPS qui interagissent avec les ions métalliques pour former des complexes et les piéger dans une matrice organique.

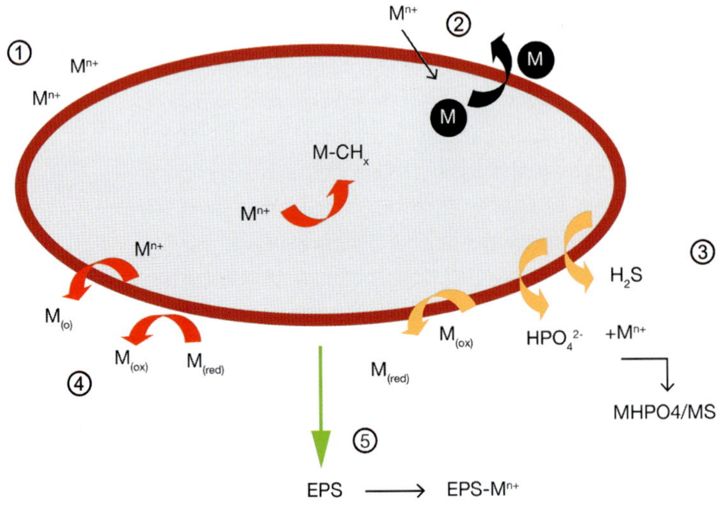

La non-biodégradabilité d'un certain nombre de composés, hautement toxiques, générés par diverses activités industrielles, pose inévitablement le problème de leur élimination et/ou de leur récupération. Parmi ces composés, il faut citer les déchets et polluants industriels comme les polymères (matières plastiques) dérivés de la pétrochimie, les hydrocarbures polyaromatiques, les pesticides, les herbicides, de nombreux composés chlorés, les phtalates, les composés nitrés aromatiques, les solvants, et naturellement, les métaux lourds et radio-actifs. Les produits pétroliers constituent le polluant organique le plus important avec une estimation de près de dix millions de tonnes relargués dans le milieu marin. L'industrie de l'énergie génère, à elle seule, près de 2,5 millions de tonnes de métaux lourds par an. Celle de la métallurgie contribue à ce type de pollution à hauteur de 0,4 million de tonnes annuellement, tandis que l'agriculture, le traitement des eaux et l'ensemble des autres industries y ajoutent près de 2,4 millions de tonnes supplémentaires.

Les biotechnologies environnementales peuvent répondre à quelques-unes des problématiques. Deux approches sont possibles, soit l'utilisation directe des microorganismes (capacité à assimiler et dégrader des produits toxiques *via* des processus enzymatiques), soit l'utilisation indirecte par la production de biopolymères, biosorbents, biofloculants ou biosurfactants.

Dans le premier cas, la bactérie devient une usine cellulaire. Ainsi, des composés organiques, hautement toxiques (hydrocarbures polyaromatiques, produits pétroliers ou autres composés non dégradables), peuvent être dégradés par l'action des microorganismes qui s'en servent comme source de carbone et d'énergie. Cette action peut être le fait d'une seule espèce bactérienne ou, comme cela est souvent le cas, d'un *consortium* bactérien. Un exemple de ce type de *consortium* : des bactéries isolées dans l'Arctique pour dégrader des hydrocarbures et leurs produits dérivés. Les biopolymères produits par les bactéries facilitent ainsi leur accès aux composés toxiques piégés dans ces polymères et aident à leur biodégradation.

La contamination par les « plastiques » dérivés de la pétrochimie (polystyrène, polypropylène, polyéthylène, polytétrafluoroéthylène) a été évoquée dans un précédent chapitre avec leur impact visuel et leur impact sur le long terme. Quelques-uns de ces polymères ou produits chimiques toxiques semblent pouvoir être utilisés et dégradés par les bactéries. Des microorganismes aptes à dégrader certains plastiques (jusqu'à 20 % de leur poids en un mois) ont été identifiés. Récemment, des chercheurs de l'université de Yale (États-Unis) ont même réussi à isoler des microorganismes capables de dégrader du polyuréthane. Nous n'en sommes qu'au stade du laboratoire mais des espoirs sont permis.

L'utilisation des microorganismes dans le domaine de l'environnement, mais aussi dans l'exploitation minière, entre dans ce que l'on appelle les procédés de bioremédiation, biodétoxification, biolixiviation, ou encore biofixation, selon les mécanismes mis en jeu.

La bioremédiation

C'est un processus général qui utilise des organismes vivants en vue de dégrader, dans des milieux pollués (sols, eaux, rejets industriels...), des contaminants nocifs pour l'environnement, pour les transformer en composés non toxiques. La bioremédiation propose deux approches, souvent complémentaires, la **biostimulation** et la **bioaugmentation**. Ce sont des techniques biologiques *in situ* de traitement des écosystèmes contaminés, favorisant la **biodégradation** des contaminants organiques au moyen de microorganismes endogènes (présents dans le milieu) ou exogènes (étrangers au milieu).

La biostimulation consiste à favoriser le rendement de cette biodégradation en injectant, dans le milieu contaminé, les nutriments nécessaires à une forte croissance bactérienne et/ou à une production *in situ* de biopolymères, comme les biosurfactants. Ceux-ci peuvent faciliter l'accès des microorganismes aux contaminants. C'est l'une des techniques les plus utilisées compte tenu de la modicité de son coût de mise en œuvre.

La bioaugmentation implique, elle, un ensemencement bactérien avec des souches sélectionnées, ou génétiquement modifiées, en vue de dégrader un contaminant spécifique.

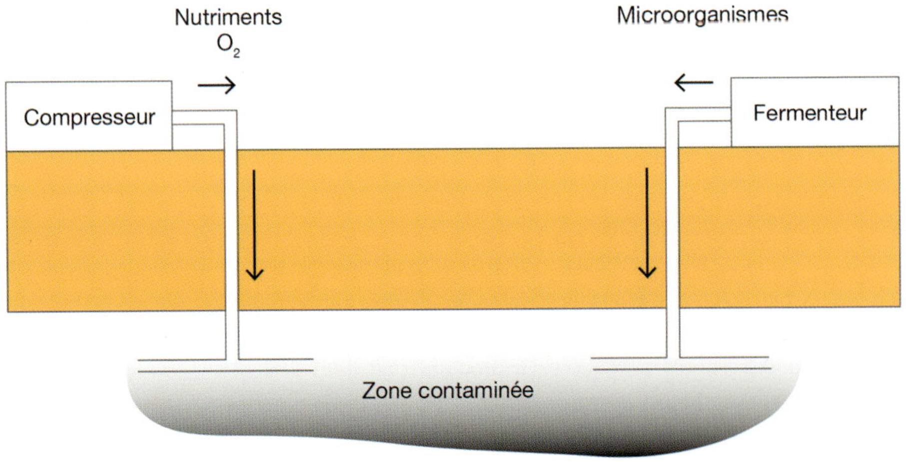

Procédé de bioremédiation

Mine de cuivre en Nouvelle-Calédonie (en voie de restauration)

Que peuvent apporter, dans le secteur des biotechnologies, les bactéries associées à des habitats atypiques ? Si l'on considère les sources hydrothermales profondes, elles sont caractérisées, pour certaines d'entre elles, par de très hautes teneurs en métaux lourds. Ces valeurs, très élevées, notamment en fer, manganèse, cuivre et zinc, traduisent l'adaptation et la tolérance des microorganismes à ces environnements très riches en ions métalliques. Ils en font donc logiquement de bons candidats pour des applications en biotechnologie environnementale. Certaines de ces bactéries extrêmophiles ont probablement une capacité à accumuler directement les éléments toxiques. Une utilisation possible certes, même si la réponse la plus intéressante reste sans aucun doute la production d'exopolymères et de biofilms aptes à fixer ces éléments indésirables. S'agissant de composés organiques, il n'existe que peu d'études sur le sujet. Mais dans ce domaine également, il y a une réelle attente compte tenu de la diversité microbienne, et de ce que l'on peut attendre des sciences dites « omiques » (génomique, protéomique, métagénomique, glycomique) dans les prochaines années. Les critères de hautes températures, de salinité et de pH que l'on peut retrouver chez des microorganismes issus de sources hydrothermales chaudes, milieux salins ou alcalins, voire acides, sont autant d'éléments qui pourraient, sans nul doute, intéresser les industriels concernés (biohydrométallurgie, récupération assistée des huiles, contaminations se produisant dans des conditions spécifiques).

La biolixiviation

Un autre challenge qui prend en compte l'importance des métaux stratégiques et terres rares : celui de l'exploitation minière et de la récupération des métaux (cuivre, nickel, zinc, chrome, argent, or et, naturellement, uranium). Ces ions métalliques sont souvent associés, dans la nature, à des formes solubles ou insolubles de sulfures et/ou oxydes métalliques, leur séparation du minerai est parfois complexe. La biolixiviation utilise le métabolisme bactérien. Elle trouve sa rentabilité et son efficacité lorsque les concentrations initiales du minerai sont faibles et que les procédés chimiques conventionnels ne sont pas rentables. Une grande diversité de bactéries peuvent être utilisées (mésophiles et thermophiles modérées), ainsi que des archées thermophiles et hyperthermophiles.

(a) Argentite : minerai d'argent ;
(b) Argent natif

Le mécanisme général est une succession d'étapes associant chimie et microbiologie. Si l'on prend comme exemple l'extraction du cuivre, ce procédé de lixiviation fait appel à un arrosage du minerai par une solution acide contenant du fer ferrique produit à partir de fer ferreux par une bactérie mésophile, *Acidithiobacillus ferroxidans*. L'opération permet de solubiliser le cuivre. L'étape suivante vise à précipiter le cuivre par des copeaux de fer et une production de fer ferreux. Le rôle des bactéries dans ce procédé consiste donc essentiellement à oxyder les ions ferreux en ions ferriques. *A. ferroxidans* est aussi utilisée pour la biolixiviation de l'or et de l'uranium.

Étape 1 : Oxydation bactérienne des ions ferreux en ions ferriques.

Étape 2 : Dissolution du minerai par les ions ferriques. Ces deux étapes peuvent se réaliser selon un mécanisme de « non-contact » ou de « contact » avec le minerai. Dans le dernier cas, il y a production additionnelle d'EPS et attachement des bactéries sur la surface du minerai.

Étape 3 : Libération d'ions ferreux, d'acide sulfurique et des ions métalliques.

Étapes 4 et 5 : Les ions ferreux sont remis à la disposition des bactéries pour une oxydation en ions ferriques, l'acide sulfurique libéré contribue à une meilleure dissolution du minerai

Étape 6 : Les ions métalliques sont récupérés par différentes approches : (électrochimie, précipitation chimique ou *via* la présence de bactéries sulfato-réductrices, et libération d'hydrogène sulfuré entraînant la

précipitation des ions métalliques, extraction par solvants, cémentation...).
Dans certaines circonstances, et notamment dans le cas du principal minerai de cuivre (la chalcopyrite), la formation d'un film sur la surface du minerai réduit de manière très significative, le processus de lixiviation et les rendements d'extraction. Cette passivation est éliminée lorsque la biolixiviation est effectuée à haute température avec des bactéries thermo-acidophiles. Dans le cas du cuivre, un rendement de près de 90 % est obtenu avec des bactéries thermophiles, valeur à comparer avec les 10 à 20 % acquis avec des microorganismes mésophiles.
Les opérations peuvent se dérouler en milieu ouvert. Dans ce cas, le processus ne fait pas appel à une seule espèce mais plutôt à des consortia dominés par des espèces microbiennes acidophiles. Par contre, lorsque l'extraction s'effectue en réacteurs, les conditions sont mieux contrôlées, plus homogènes. Il s'établit alors un *consortium* microbien, dominé par deux ou trois espèces qui, pour le traitement de certains minerais comme la pyrite ou la chalcopyrite, peut faire appel uniquement à des archées thermophiles.

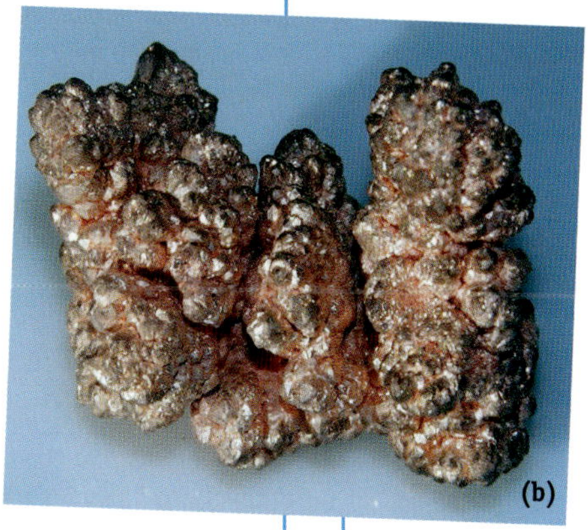

(a) Chalcopyrite : minerai de cuivre ; (b) Cuivre natif

Mécanismes de biolixiviation et exploitation minière

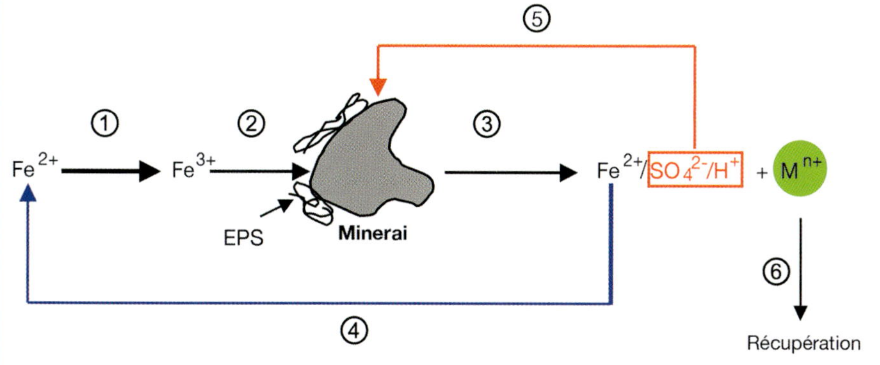

Concentrations de quelques métaux lourds, à proximité de sources hydrothermales profondes				
	Eau de mer	**Ride du Pacifique oriental**	**Ride médio-atlantique**	**Ride médio-atlantique**
Site		21°N	Rainbow (36°13′ N)	Logatchev (14° 45′ N)
Roches		Basaltiques	Mantelliques	Mantelliques
Profondeur (m)	2 650	2 650	2 300	3 000
Température (°C)	2	350	365	353
pH	7,8	3,5	2,8	3,3
Hydrogène sulfuré (mM)	0	3-12	1,2	0,5-0,8
Hydrogène (mM)	0	0,05-1	12	16
Méthane (μM)	0	25-100	2 100	2 500
Fer (μM)	< 2	750-6 500	24 000	2 500
Manganèse (μM)	< 2	360-1 140	2 250	330
Cuivre (μM)	< 2	10-40	140	27
Zinc (μM)	≤ 2	40-100	160	29
Sulfate (mM)	30	0	0	0
Chlore (mM)	546	565	750	515

Efficacité, spécificité et absence de co-produits toxiques, sont quelques avantages à l'utilisation de microorganismes pour protéger et préserver l'environnement marin. Leur utilisation est toutefois freinée par la cinétique trop lente de dégradation des composés organiques toxiques. Le processus peut prendre quelques mois ou plus. La spécificité pose également problème dans le cas de mélanges de contaminants (et c'est souvent le cas). Une solution, de plus en plus envisagée par les scientifiques, consiste alors à la manipulation génétique de ces microorganismes pour une meilleure sélectivité et/ou efficacité du processus de biodégradation.

Les biotechnologies environnementales sont une science multidisciplinaire encore très expérimentale, et ce, malgré l'existence de modèles sophistiqués pour prédire la structure des communautés microbiennes. Malgré un fort engouement de la part des industriels et du public, il reste à développer, parallèlement aux efforts de recherche, des solutions techniques commercialisables.

Les molécules *antifouling*

Un autre secteur industriel d'importance ayant un impact sur l'environnement marin est celui des revêtements *antifouling* (anti-salissures). Les effets néfastes de la présence d'un biofilm et de biosalissures sur les matériaux et équipements utilisés en milieu marin sont variés : écran hydrodynamique et modification de l'écoulement, excès de consommation de carburants, diminution des échanges thermiques, perte de propriétés optiques, blocage de fonctions mécaniques, accélération de la corrosion ou biodégradation. La plupart des activités marines y sont confrontées : ouvrages au large ou côtiers, navires, plates-formes offshore, installations aquacoles, équipements océanographiques immergés pendant des durées de quelques jours à plusieurs mois, voire années. Les conséquences de la présence de ces salissures (détérioration des équipements, perte d'énergie, problèmes de corrosion) ont été évaluées à près de 10 milliards d'euros par an. Les agents antisalissures présents dans les peintures, vernis, revêtements utilisés pour protéger les structures, sont souvent toxiques et peuvent avoir des conséquences désastreuses sur la faune et la flore marines. Les plus connus sont naturellement les ions métalliques tels le cuivre ou l'étain (et il fut un temps, certes lointain, le mercure et l'arsenic !). L'utilisation de métaux lourds pour lutter contre les salissures marines n'est pas récente, elle date de quelques années. Les Phéniciens (1300 à 1500 ans avant J.C.) en faisaient déjà usage sur leurs navires en bois ! L'usage, parfois excessif, de ces peintures et une prise de conscience de l'impact des métaux toxiques sur l'écosystème marin, ont fait naître la nécessité d'un contrôle de leur utilisation. L'évolution des réglementations internationales a conduit, en 2008, à une interdiction totale des composés organostanniques reconnus nocifs pour le milieu (limitation des peintures à base de cuivre, utilisation contrôlée des molécules organiques toxiques). L'emploi des biocides et les nettoyages réguliers des équipements augmentent considérablement les coûts d'exploitation des structures marines, sans compter naturellement l'impact à court et long termes sur la faune et flore marines. Il y a donc urgence (d'autres diraient un marché !) à trouver des procédés plus respectueux de l'environnement et des molécules nouvelles répondant à ce double critère d'efficacité et de protection de l'environnement. Il suffit parfois d'observer la nature. Elle se charge souvent de nous montrer son efficacité, c'est le cas du milieu marin et de sa composante bactérienne.

Quelles autres alternatives ? Si l'on considère les différentes étapes de la fixation et le développement des macrosalissures, il peut s'avérer utile d'intervenir dès les phases initiales, c'est-à-dire lors du processus d'adhésion bactérienne et de la formation du biofilm. Plusieurs approches s'offrent alors, soit intervenir sur les propriétés de surface des différents matériaux, soit rechercher de nouvelles molécules naturelles *antifouling*, ou plutôt anti-biofilms. Dans ce domaine aussi, les microorganismes ont démontré leur capacité à biosynthétiser, en conditions naturelles, des molécules biologiquement actives pour limiter le développement ultérieur de macrosalissures. Cette production de biomolécules est, très souvent, la réponse de ces bactéries à un environnement devenu chimiquement et/ou biologiquement hostile. Elle constitue également, pour quelques-uns de ces microorganismes, un outil performant dans un environnement compétitif en termes d'accessibilité aux nutriments. De nombreux composés marins (plus de 200) affichant ces propriétés *antifouling* ont déjà été isolés. Ils ont, le plus souvent, pour origine des

Processus de développement du *micro-* et *macrofouling* en milieu marin

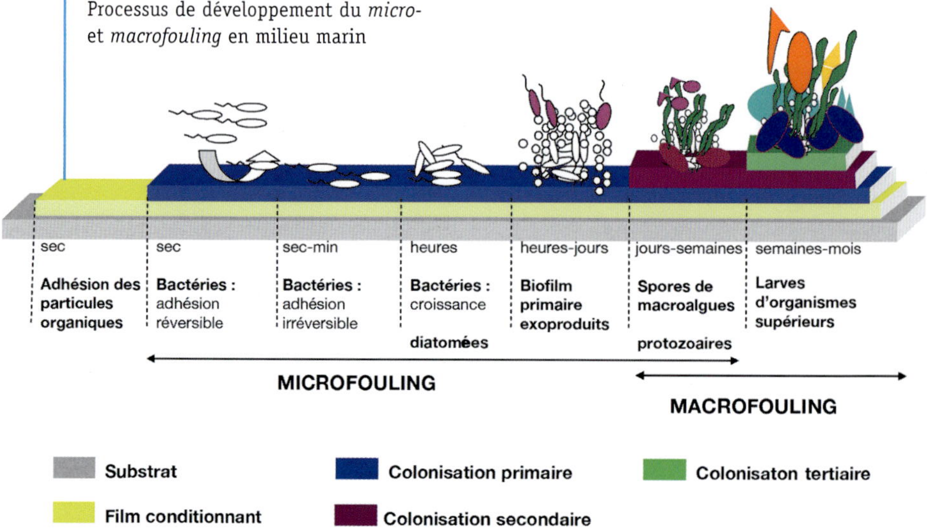

organismes sessiles avec parfois la même interrogation sur l'origine des métabolites. Plusieurs bactéries associées à ces macroorganismes ont affiché leur capacité de synthèse à partir de ce type de molécules. On la retrouve par exemple chez des microorganismes isolés d'ascidies, d'éponges ou encore isolés d'une algue très commune *Fucus serratus*, voire de sédiments marins profonds (–5 000 mètres). Compte tenu de la diversité microbienne, il est évident que les actions de criblage conduiront à bien d'autres molécules ayant cette activité. L'avantage de ces microorganismes réside dans une production plus contrôlée et reproductible par le biais des moyens de fermentation.

Une fois encore, il s'agit de transférer ces propriétés naturelles remarquables vers des applications industrielles comme la conception de formulations. C'est ce que l'on pourrait appeler du biomimétisme, à savoir tirer parti des solutions et inventions produites par la nature.

Ces nouvelles molécules, une fois isolées et caractérisées, pourraient être incorporées dans des revêtements comme agents *antifouling*. Se pose alors le problème de la formulation et de la préservation de l'efficacité de la molécule active lors de cette incorporation. Il s'agit aussi, et surtout, de contrôler le phénomène dit de lixiviation, c'est-à-dire de contrôler le relargage de la molécule et son efficacité à long terme. Cette problématique du contrôle de la diffusion du principe actif rejoint les préoccupations rencontrées en agriculture, cosmétique et pharmacopée.

Si ces molécules existent déjà en nombre – elles continueront à augmenter grâce à l'évolution des techniques de criblage –, il ne faut pas occulter pour autant la nécessité de mesurer leur impact sur la faune et la flore, tout comme leur efficacité dans le temps. Comme pour toute autre molécule naturelle, ces métabolites actifs doivent passer par le crible de la législation pour leur utilisation dans le milieu naturel. Cela a un coût tant pour le développement (parfois plusieurs années) que pour les diverses études à mener (toxicité, impact environnemental, risque et exposition, enregistrements de nouveaux biocides) dont les investissements peuvent atteindre plusieurs millions d'euros.

Aux nécessités évoquées précédemment s'ajoute l'aspect économique de leur production à l'échelle industrielle, un coût souvent incompatible avec la réalité économique et le tonnage requis. Comme pour les principes actifs à vocation thérapeutique, les microorganismes ouvrent de nouveaux horizons (origine et disponibilité). En cas de difficultés majeures, les métabolites secondaires restent des modèles de laboratoire et des molécules de référence pour la compréhension des mécanismes, la synthèse d'analogues, tout aussi efficaces et moins onéreux.

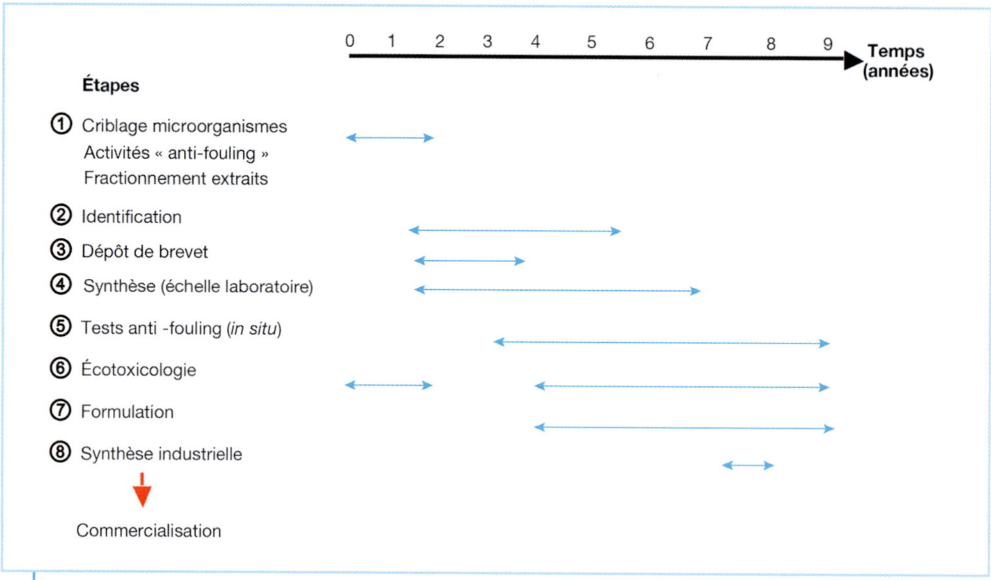

Durée de développement d'un revêtement *antifouling* à partir de molécules naturelles

D'autres approches, qui utilisent la capacité des bactéries à préserver leurs conditions de survie, peuvent être envisagées. Des biofilms peuvent être exploités pour limiter les développements de macroorganismes sur les surfaces. C'est ce que l'on peut appeler des « peintures biologiquement vivantes » (où la population en surface serait contrôlée par l'activité de microorganismes sélectionnés). Mais ce qui est vrai au niveau du laboratoire l'est peut-être moins quant à la mise en œuvre en conditions réelles. Comment gérer ce biofilm dans le milieu naturel ? Comment contrôler son évolution dans le temps ?

D'autres pistes peuvent être prises en considération comme les biopolymères bioactifs, par exemple, ou l'association de biopolymères naturels comme les PHA associés à des composés naturels aux propriétés *antifouling* comme l'acide zostérique, ou extrait d'une algue commune, ou encore de peptides antimicrobiens naturels. Au final, beaucoup de pistes mais il reste à parcourir un long chemin semé de difficultés techniques, économiques et réglementaires. Les résultats obtenus à partir des exopolysaccharides bactériens, comme outils de prévention du biofilm, prennent une importance particulière.

D'autres pistes prometteuses

Quelques opportunités complémentaires importantes, abordées ici très succinctement, existent pour l'utilisation des microorganismes, comme les biocapteurs, les piles à combustible, et bien naturellement, les enzymes.

Les biocapteurs

Un biocapteur est un système de mesure associant un élément biochimique et un élément électronique. Le composant biochimique, choisi pour sa capacité à détecter une substance, joue généralement le rôle de récepteur. Il peut être constitué d'enzymes (mono- ou multi-enzyme), d'anticorps, de cellules entières (microorganismes, bactéries, algues ou champignons) ou partielles, de tissus (plante ou animal), ou d'une séquence d'ADN (sondes oligonucléotides). Les propriétés de reconnaissance moléculaire de la biomolécule choisie confèrent une sélectivité à l'interaction biomolécule-analyte cible. Celle-ci est à l'origine d'un signal qui, après traitement, peut être directement corrélé à la concentration en solution de l'analyte cible. Les biocapteurs à base d'enzymes sont actuellement les plus utilisés, les plus développés.

De nombreux domaines, comme l'alimentation, la protection de l'environnement, la sécurité industrielle et domestique, s'intéressent au développement des biocapteurs : en cause la sévérité croissante des réglementations et des normes. Le secteur médical (analyse clinique, normes de sécurité et d'hygiène) est également très demandeur de systèmes de mesures et de contrôles sélectifs et sensibles, tels que les biocapteurs. On peut citer comme exemple, les études menées par des chercheurs australiens sur les organismes de la barrière de corail pour concevoir des biocapteurs capables de détecter la contamination d'un coquillage élevé en bassins aquacoles.

Les piles à combustibles

La recherche de microorganismes capables d'oxyder des composés organiques ou inorganiques, en couplage avec la réduction d'une électrode dans une pile à combustibles pour produire un courant électrique, s'est focalisée surtout sur les bactéries mésophiles. Les bactéries extrêmophiles, quant à elles, constituent un gisement très largement inexploré dans ce domaine. On a récemment démontré qu'une communauté microbienne thermophile, isolée de sédiments marins, était capable de produire un courant électrique dans une pile à combustibles fonctionnant à 60 °C, en utilisant de l'acétate comme carburant !

Les enzymes

Dans l'industrie chimique, les enzymes constituent déjà des produits de spécialité importants. À ce jour, près de 90 % des enzymes commercialisées sont d'origine microbienne (détergents pour les lessives entre autres). Le marché le plus important reste celui des enzymes utilisées en formulations/applications domestiques. De nouveaux produits pourraient résulter de découvertes d'enzymes nouvelles aux propriétés supérieures (quelle que soit l'origine de l'organisme concerné), mais également d'améliorations issues d'ingénierie moléculaire. D'autres percées peuvent résulter de l'amélioration des procédés de production visant à réduire le coût des enzymes. Les enzymes utilisées dans des « process » agroalimentaires (incluant aliments et boissons) ont sensiblement le même niveau de marché que les additifs enzymatiques pour détergents, mais elles présentent une croissance plus marquée. La demande dans ce secteur continue à croître, le marché des enzymes est en progression constante. La croissance du marché des enzymes est estimée à près de 11 % par an pour les années à venir.

Il existe évidemment un lien fort entre l'habitat des microorganismes et la présence potentielle d'enzymes innovantes : découverte d'enzymes thermostables associées aux bactéries thermophiles et hyperthermophiles des écosystèmes hydrothermaux profonds, découverte d'enzymes spécifiques dans l'estomac des manchots du continent antarctique. Les chercheurs de l'Institut australien des sciences marines (AIMS) ont découvert récemment dans du mucus de corail irradié, des bactéries développant des enzymes antioxydantes avec des applications potentielles dans la maladie d'Alzheimer. La nature nous réserve encore quelques pistes très prometteuses !

De l'échantillon à la molécule

De l'échantillon à la molécule

La mer est un espace de rigueur et de liberté
Victor Hugo

Simple en apparence mais beaucoup moins évident qu'il ne le paraît. Le chemin est long et parsemé d'embûches, scientifiques, économiques et parfois réglementaires. Scientifiques car il s'agit de rechercher quelque chose de différent, d'innovant et répondant à des critères imposés par les applications ; économiques car il s'agit de produire et de reproduire à des coûts en adéquation avec les réalités économiques ; réglementaires car il s'agit de molécules naturelles qui n'échappent pas aux diverses législations imposées par certains domaines concernés. Naturel ne veut pas dire sans danger ! Ce chapitre décrit le long chemin des molécules recherchées et de leurs applications.

Page précédente
Lagon de Nouvelle-Calédonie.

Comment identifier dans un environnement complexe, et difficilement reproductible en laboratoire, la présence de microorganismes pouvant présenter un réel intérêt biotechnologique ? Partir d'un simple prélèvement d'eau, de sédiments, d'algues, de vertébrés et d'invertébrés, de surfaces naturelles ou artificielles, etc. jusqu'à l'identification, la caractérisation et le développement industriel d'une molécule naturelle, n'est pas une affaire de tout repos ! Cela demande patience et constance. Le chemin est long, parsemé d'embûches ; de plus, il diffère considérablement selon le type de molécules recherché. Les techniques de culture bactérienne, mais aussi la connaissance et l'utilisation des outils de biologie moléculaire, de plus en plus performants, ont sans nul doute permis de faire des avancées spectaculaires dans la recherche de microorganismes et de voies métaboliques innovantes. Mais, dans la grande majorité des cas, et malgré les progrès des sciences dites « omiques », la constitution d'une collection de microorganismes (ou souchothèque) est la première étape du protocole qui doit conduire à la découverte et à la production de ces nouvelles molécules. Cette collection est donc le point de départ de la recherche de molécules innovantes dont les applications vont se déployer dans tous les secteurs des biotechnologies.

D'une manière générale, une stratégie de valorisation de microorganismes se met en place selon différentes phases : l'échantillonnage sur le terrain, la création d'une collection (souchothèque) et sa gestion, la constitution d'une banque de molécules ou de fractions (extractothèque) et sa gestion, le criblage et la recherche d'activités et de propriétés, la production en laboratoire, le développement de ces molécules (choix de stratégies...) et la production à l'échelle pré-industrielle et industrielle, avant commercialisation.

Comme vous le voyez un travail conséquent et de longue haleine !

L'échantillonnage et la création d'une souchothèque

La création de souchothèques est le point de départ commun à toute recherche de valorisation menée ultérieurement, soit sur les bactéries elles-mêmes, soit sur leurs métabolites primaires et secondaires. Cette étape nécessite des moyens appropriés, tant au niveau de la caractérisation des microorganismes qu'au niveau de leur préservation. Il s'agit d'une phase importante dans une démarche générale où il convient d'éviter toute modification génétique ou phénotypique des microorganismes lors d'une utilisation répétée. Plusieurs approches sont possibles quant à la préservation de ces microorganismes ; la plus efficace s'avère être l'utilisation d'azote liquide (– 179 °C) qui semble préserver l'intégrité fonctionnelle des bactéries.

Prélèvement sur une étoile de mer

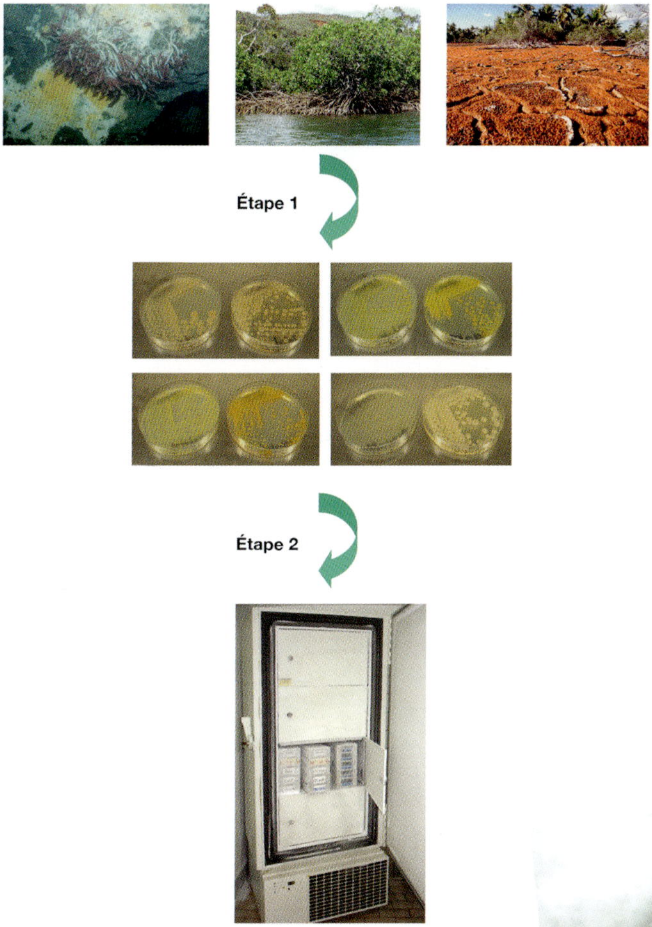

Différentes étapes de la création d'une collection de microorganismes (souchothèque).
Étape 1. À partir de campagnes de prélèvements, mise en culture sur milieux solides et isolement de différentes colonies.
Étape 2. Récupération des colonies et préservation à basse température en présence de cryoprotecteurs. Ces souchothèques constituent alors les bases pour tous types d'investigations (biopolymères, enzymes, métabolites secondaires...) mises en œuvre dans un objectif soit de recherche (identification de nouvelles souches et métabolismes) soit de biotechnologie (recherche de molécules d'intérêt)

(a) Prélèvement sur un site hydrothermal, source chaude de Yellowstone, États-Unis.
(b) Prélèvement dans un tapis microbien, mare à Kopara, Polynésie française

De la bactérie aux polymères

Le passage de la souchothèque à la production de biopolymères passe par l'identification des bactéries aptes à produire des biopolymères parmi les milliers d'isolats constituant ces collections. Cette phase de criblage est différente selon que l'on s'adresse à l'un ou l'autre des biopolymères bactériens les plus intéressants, à savoir les exopolysaccharides (EPS) et les polyesters (PHA).

Colonies mucoïdes caractéristiques de la production d'exopolymères

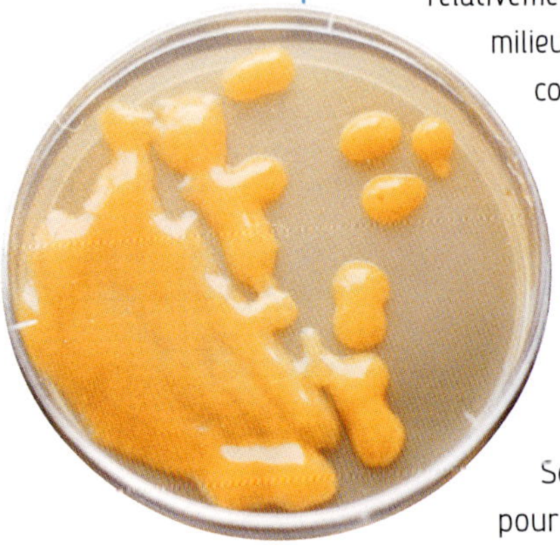

De la bactérie aux exopolysaccharides

En ce qui concerne les premiers biopolymères, le criblage préliminaire est relativement simple et se réalise *via* une croissance bactérienne sur un milieu solide. Une réponse positive se caractérise par la présence de colonies bactériennes mucoïdes. Cet aspect particulier traduit la production, par ces microorganismes, d'(exo)polymères. Cette phase de criblage est suivie d'une mise en culture en milieu liquide dans des fermenteurs de capacités variables. Un changement notable de la viscosité du milieu de culture s'opère et confirme généralement l'apparition d'exopolysaccharides.

La synthèse de ces exopolysaccharides par les bactéries relève d'une série de mécanismes enzymatiques complexes. Schématiquement, c'est le résultat d'un déséquilibre nutritionnel pour ces bactéries. Cette production est le fait d'une croissance bactérienne dans un milieu de culture déséquilibré en nutriments, généralement un rapport carbone/azote très élevé. Cette culture se réalise en plaçant les microorganismes en présence d'un excès de carbohydrates (glucose, mélasse, fructose, saccharose...) et de teneurs dites limitantes en d'autres nutriments (protéines, mais parfois phosphate et/ou oligo-éléments), nécessaires à la croissance bactérienne. La réaction bactérienne à ce déséquilibre en est une production rapide d'exopolysaccharides. Cette phase de production prend généralement entre 48 et 72 heures en fonction du microorganisme et des conditions de fermentation. À la fin de la phase de fermentation, souvent caractérisée par la consommation totale du substrat carboné, une filtration ou une centrifugation à très haute vitesse (jusqu'à 20 000 g) permet d'isoler les cellules bactériennes et de récupérer le surnageant. Ce traitement a pour objectifs d'éliminer toute cellule bactérienne résiduelle et d'exclure des éléments toxiques tels que les lipopolysaccharides constituant des parois bactériennes, causes de réactions inflammatoires. Un traitement ultérieur de ce surnageant, en utilisant soit des alcools froids ou de l'acétone, soit des

Fermenteur grand volume (3 mètres cubes) destiné à la production de biopolymères

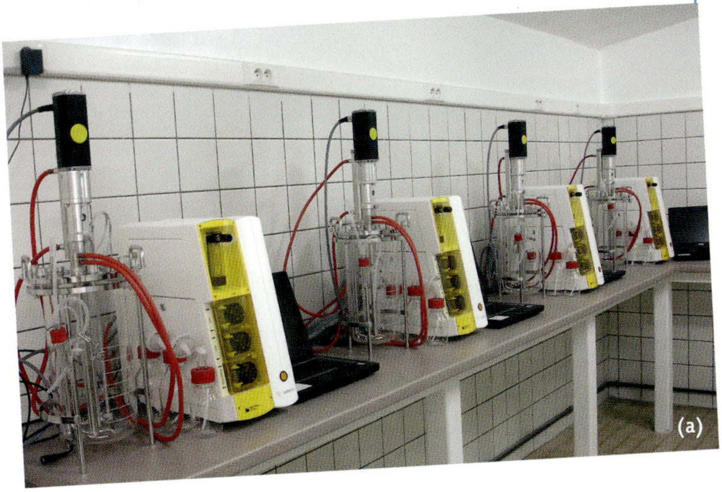

Production d'exopolysaccharides (a) Études d'optimisation en laboratoire des conditions de production. (b) Fermenteur pré-industriel (500 litres)

ultracentrifugations et dialyses successives, permet d'obtenir, dans la grande majorité des cas, un exopolysaccharide pur, ou présentant un faible taux de contamination.

Le polysaccharide est immédiatement préservé de toute hydratation ou toute autre modification d'ordre chimique ou photochimique, avant de subir des analyses. Celles-ci permettront de déterminer, d'une part, la composition en oses et la présence de substituants (acétate, succinate, pyruvate, lactate, hydroxybutyrate) dont la nature et la position au niveau des chaînes polysaccharidiques peuvent s'avérer primordiales pour certaines fonctionnalités et, d'autre part, la structure de l'unité répétitive de la macromolécule. De telles analyses requièrent pour ces macromolécules fort complexes, un ensemble de méthodologies de chimie analytique allant de la simple chromatographie en phase gazeuse aux différentes techniques de spectrométrie de masse et de résonance magnétique nucléaire multidimensionnelle.

Les applications de ces exopolysaccharides dépendent en partie de leurs propriétés physico-chimiques, rhéologiques et activités biologiques. Quelles que soient leurs opportunités de développement et leurs propriétés spécifiques, le développement à l'échelle industriel passe par une phase de production qui doit être économiquement viable. S'agissant d'écosystèmes atypiques en termes de physico-chimie, il est impensable de reproduire, en productions industrielles, les conditions de leurs habitats d'origine. Seuls les microorganismes aptes à produire des macromolécules en adéquation avec les réalités industrielles, pourront faire l'objet d'un intérêt biotechnologique. Il faut intégrer à cela la notion de reproductibilité tant en terme de quantité, que de qualité surtout, comme la composition chimique et la masse moléculaire, autant de paramètres responsables des propriétés spécifiques de ces biopolymères. Enfin, il ne faut

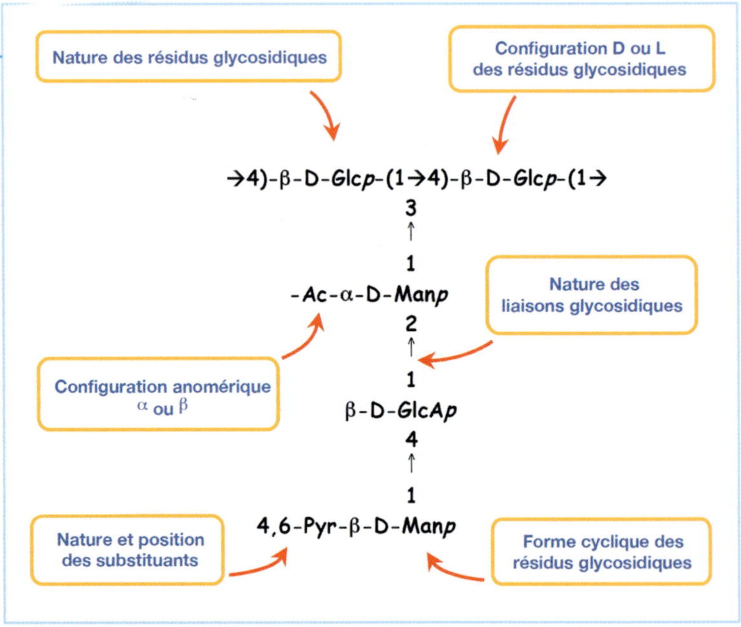

De la difficulté de l'analyse structurale (détermination de l'unité répétitive) d'un exopolysaccharide (EPS) ! L'analyse dite structurale (la détermination de l'unité répétitive-monomère) nécessite des moyens analytiques sophistiqués

Glc : glucose ;
Man : mannose ;
GlcA : acide glucuronique ;
Pyr : pyruvate ;
Ac : acétate

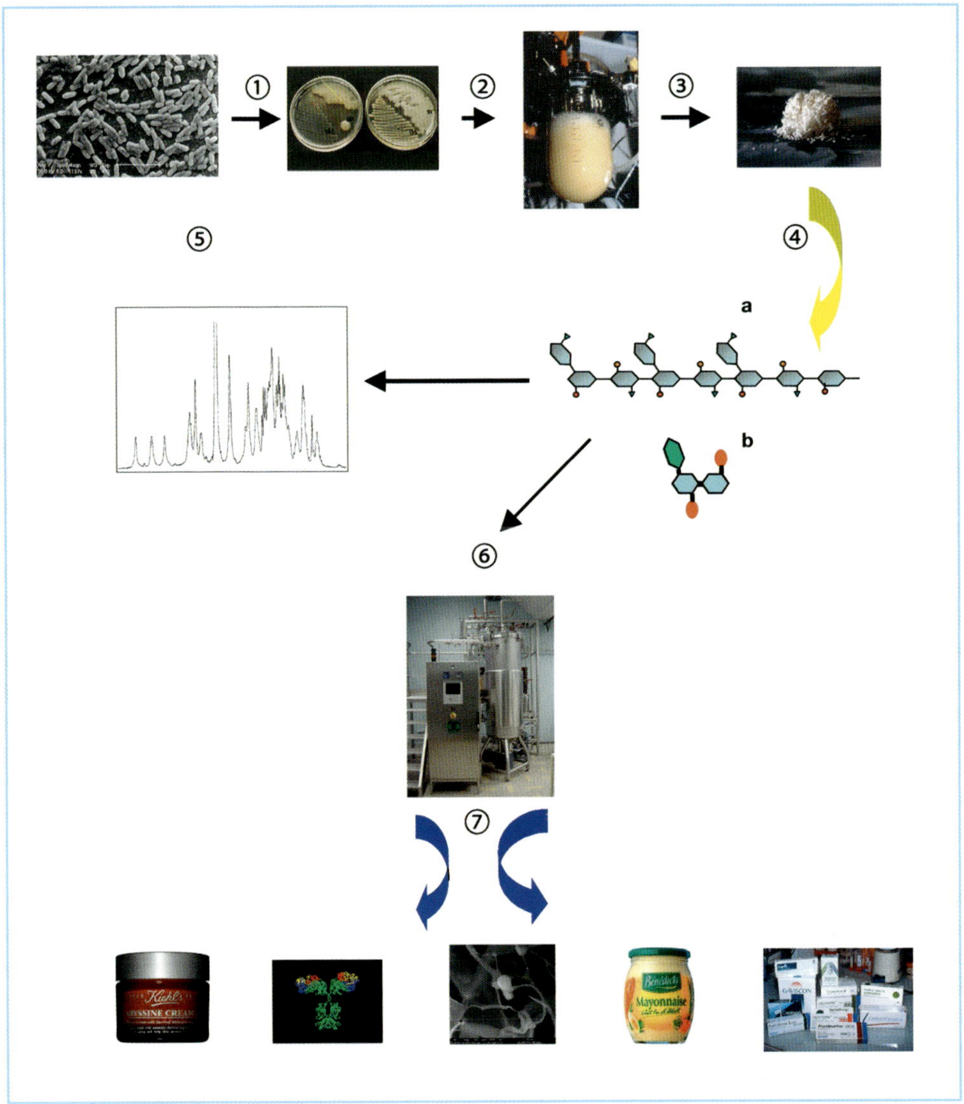

Différentes étapes de la bactérie à l'exopolysaccharide et ses applications.
Étape 1 : Mise en culture en milieu solide. Identification de colonies mucoïdes sur boîtes de Pétri. Étape 2 : Culture en petits fermenteurs (3 à 5 litres) ; Étape 3 : Récupération et purification de l'exopolysaccharide ; Étapes 4a, 4b : Composition chimique globale de l'EPS / Dépolymérisation contrôlée / Détermination des caractéristiques rhéologiques, physico-chimiques et biologiques. Étape 5 : Détermination de la structure de l'unité répétitive ; Étape 6 : Production de l'EPS à l'échelle pilote (jusqu'à 500 litres) ; Études de reproductibilité/ Optimisation des conditions de culture et production. Étape 7 : Recherche d'applications dans différents secteurs industriels

pas oublier que le développement de ces nouveaux polysaccharides n'est pas seulement lié à l'ensemble de leurs propriétés physico-chimiques et activités biologiques spécifiques. Il est également dû à leur coût de production qu'il convient de comparer à celui de leurs homologues d'origines algale, animale ou végétale. Cela est particulièrement important dans le domaine de la grande consommation. Ces produits entrent en compétition avec les polysaccharides déjà industrialisés, issus de plantes (guar, gomme arabique, pectine), de crustacés (chitine, chitosane), ou d'algues (alginate, carraghénane, fucane...). Le caractère marin de ces polymères, et la mise en évidence surtout de leurs propriétés innovantes, peuvent être des éléments clés pour le développement de ces biopolymères. Au final, un constat relativement réservé quant à leur développement dans les domaines de grande consommation, compensé par une demande croissante d'innovation et de nouvelles molécules naturelles dans les domaines de la santé, de la cosmétique, et qui correspondent à des demandes sociétales croissantes, bien ciblées.

De la bactérie aux polyesters bactériens

S'agissant maintenant des polyesters bactériens (PHA), la phase de criblage est un peu plus complexe du fait essentiellement de la présence de ces biopolymères, non pas à l'extérieur de la cellule, mais au sein de la cellule bactérienne. Il existe alors plusieurs approches pour identifier la présence des granules à l'intérieur des cellules bactériennes. Cette présence induit par exemple une augmentation très sensible de la taille des cellules. Cela reste toutefois un critère très subjectif qui, de surcroît, ne paraît pas adapté à une notion de criblage rapide et fiable. On fait alors appel à l'utilisation d'indicateurs colorés spécifiques ou, de manière plus scientifique et plus précise, à des méthodes de biologie moléculaire permettant de mettre en avant le potentiel des microorganismes à synthétiser ce type de biopolymères.

Quant à leur production, la démarche la plus couramment utilisée se décompose en deux phases. La première consiste à obtenir la biomasse bactérienne (densité de cellules par millilitre) la plus élevée possible en plaçant les microorganismes dans des conditions idéales de croissance. La seconde phase crée des conditions de déséquilibre favorisant la synthèse intracellulaire des biopolymères. La production de granules intracellulaires est généralement observée au bout de 48 à 72 heures. L'extraction des granules s'opère de différentes manières. La plupart du temps malheureusement, elle utilise des solvants organiques. Ces solvants peuvent contribuer à augmenter de manière significative le coût de production de ces biopolymères. La toxicité de certains d'entre eux, leur élimination totale des polymères obtenus, et leur éventuel re-traitement, engendrent des coûts additionnels. Ce point fait l'objet d'études approfondies tant au niveau des laboratoires académiques qu'industriels pour envisager un développement industriel viable. Autre élément qui participe au coût relativement élevé de ces polymères, la nature même du substrat carboné introduit dans le milieu de culture pour favoriser leur synthèse. Importance du choix quand on sait que, selon les microorganismes, le coût de cette source de carbone peut correspondre à 40 ou 50 % du coût du polymère ! Il est donc indispensable de rechercher des sources de carbone peu onéreuses que l'on va retrouver dans les co-produits des industries agroalimentaires, pétrolières (glycérol), forestières (cellulose et acide lévulinique), de traitement des eaux usées (utilisation des acides gras volatils), et même de l'industrie cosmétique, comme cela a été démontré, avec l'utilisation de dérivés du polyéthylène glycol. Dernier exemple, celui de l'utilisation de co-produits de la pétrochimie donné par le polystyrène dont les rejets se situent au-delà de 15 millions de tonnes pour les seuls États-Unis. Transformé en styrène par pyrolyse, cet élément est ensuite utilisé par une bactérie comme source de carbone pour produire un polyester bactérien entrant dans la catégorie des élastomères. Un polymère, issu de la pétrochimie, non biodégradable, donnant un autre polymère, issu des biotechnologies, et cette fois... biodégradable ! Quand on vous dit que les biotechnologies sont véritablement la science du XXIe siècle !

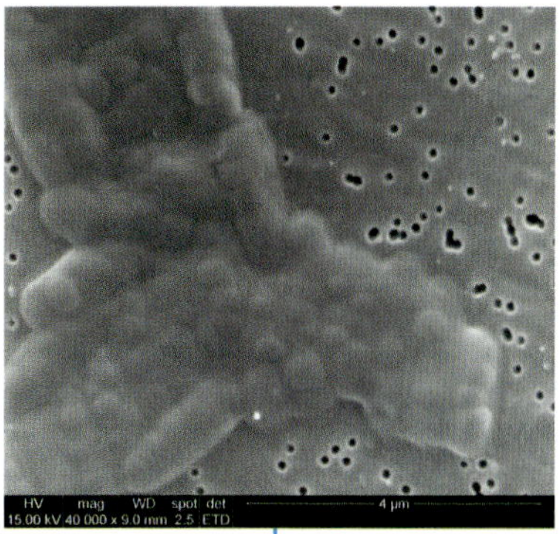

Granules de PHA à l'intérieur des cellules bactériennes. Leur présence provoque un grossissement significatif des cellules bactériennes

Les polyesters sont alors mis sous une forme souhaitée (poudre, granules, films d'épaisseur variable) selon les applications envisagées.

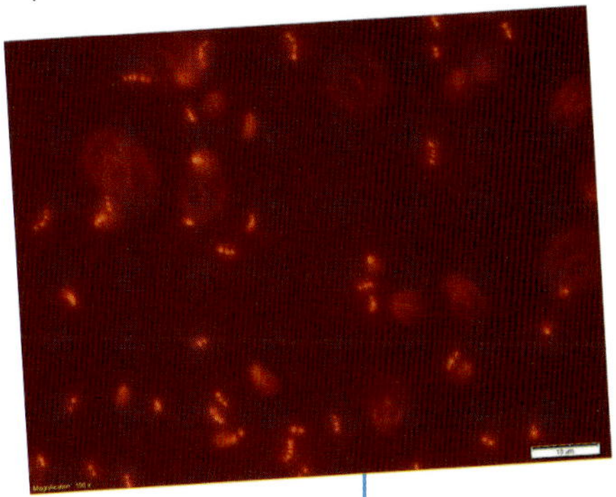

Présence de granules de PHA identifiées par une coloration au « Rouge du Nil » chez *Rhodospirillum rubrum*

Leur caractérisation implique de connaître leurs unités constitutives et leur ratio, en utilisant les mêmes techniques que celles mises en œuvre pour les exopolysaccharides. Toutefois, au vu des applications visées, d'autres critères peuvent être requis comme la température de fusion et de recristallisation, la température de transition vitreuse, voire des critères plus mécaniques, comme la résistance à l'élongation ou la perméabilité aux gaz (oxygène, azote) et à l'humidité.

De la bactérie aux métabolites secondaires

Production de PHA en laboratoire. Un contrôle de tous les paramètres permet d'obtenir une bonne reproductibilité dans la synthèse du PHA

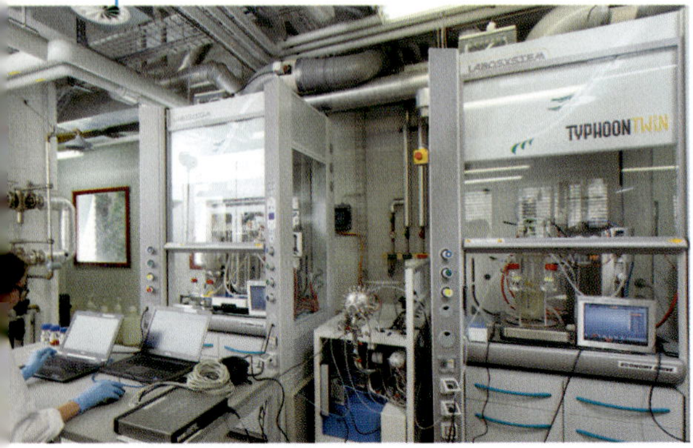

Il s'agit souvent d'une démarche longue et fastidieuse (parfois risquée donc onéreuse). Contrairement aux organismes terrestres dont sont issus environ 60 % des médicaments, il n'existe pas vraiment de guide ethno-pharmacologique pour la recherche de substances actives dans les organismes marins, encore moins dans les microorganismes marins. À l'exception de l'observation de faits spécifiques, de transmissions de savoirs et de connaissances, rien ne permet d'affirmer, dans une toute première approche, que tel ou tel microorganisme synthétise une molécule possédant une activité biologique.

De simples observations conjuguées à la littérature scientifique peuvent être précieuses pour induire des hypothèses de travail. Ainsi, pourquoi une population bactérienne aussi peu diversifiée, est associée à une surface particulière ou un seul organisme hôte ? Pourquoi une absence de macrosalissures sur des surfaces immergées en milieu naturel ?... N'oublions pas une nouvelle fois que, dans la majorité des cas, cette synthèse de métabolites secondaires ou molécules possédant une activité biologique, constitue une réponse des microorganismes à un environnement qui leur est défavorable. Le chemin vers l'objectif final, c'est-à-dire la mise sur le marché de la molécule bioactive, est long et sans garantie de réussite. Il y a un monde et un temps de développement parfois mal compris, entre la découverte d'une activité biologique et sa validation en tant que principe actif et médicament.

Les PHA sont extraits de la biomasse bactérienne et selon les conditions de croissance, différents types peuvent être obtenus

Cette recherche de métabolites secondaires s'appuie elle-aussi sur celle de collections de microorganismes, puis passe par des protocoles d'extraction, de fractionnement et de purification, et ce, dans un but d'obtention de fractions plus ou moins purifiées qui seront ensuite évaluées sur des cibles biologiques appropriées.

Selon les cibles biologiques visées, ces études menées sur les collections peuvent éventuellement constituer la base d'une seconde collection propre aux

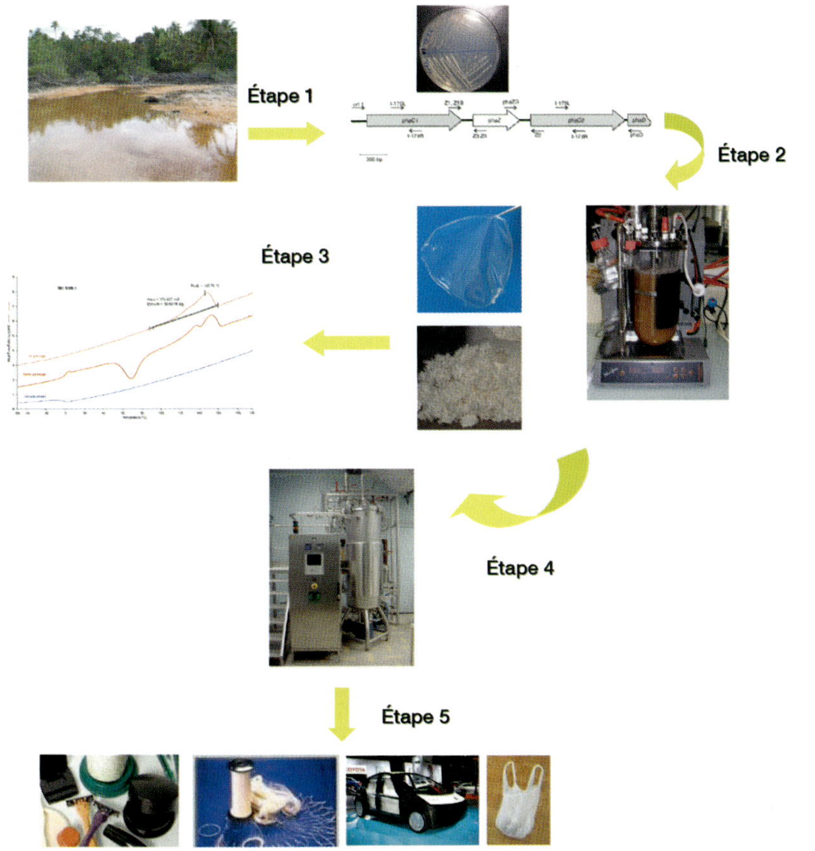

De la bactérie aux polyesters bactériens et ses applications. Étape 1 : Recherche de souches productrices de PHA *via I*) la biologie moléculaire ; *II*) les indicateurs colorés spécifiques. Étape 2 : Production en petits fermenteurs. Étape 3 : Caractérisations physico-chimiques. Étape 4 : Production pilote (500 litres). Étape 5 : Recherches d'applications

métabolites secondaires synthétisés par ces organismes. Il s'agit plus exactement de fractions plus ou moins caractérisées, souvent constituées d'un mélange de nombreuses molécules. Le mode d'extraction varie selon la nature de l'échantillon. Cette étape permet de constituer une « extractothèque » (ou banque de molécules, ou encore chimiothèque lorsque les molécules sont caractérisées) qui est conservée comme la collection taxonomique de référence. À ce stade, une difficulté peut parfois se présenter pour la biosynthèse des molécules actives, celle-ci étant souvent le résultat d'une induction spécifique ou d'un stress. Dans des conditions dites normales, d'équilibres énergétique et nutritionnel, sans stress ni nécessités de se défendre contre toutes formes d'agressions, la production des métabolites par les bactéries est généralement peu significative. Sans la détermination et la connaissance des facteurs d'induction, le risque d'obtenir des fractions non biologiquement actives est donc possible. Ces facteurs peuvent être physiques (stress en température), chimiques (éléments toxiques organiques et inorganiques comme les métaux lourds) ou tout simplement biologiques (présence d'autres populations bactériennes). D'où l'importance que revêtent les nouvelles approches comme la génomique permettant de détecter, en amont, le potentiel des microorganismes à synthétiser des molécules nouvelles et biologiquement actives.

Criblage

Les criblages d'activités des différents domaines étudiés (santé, cosmétologie, agroalimentaire, environnement, divers) évoluent de plus en plus vers les techniques dites de criblage à haut débit. Afin d'améliorer la rapidité de traitement des touches positives de ces criblages, les extraits sont fractionnés plus ou moins finement pour cerner, dès la première étape, la fraction active. Cette étape de fractionnement et de mise en plaques standards, prêtes à être testées, permet de constituer un stock d'échantillons disponibles pour les essais pharmacologiques ultérieurs.

Essais biologiques et valorisation

La mise en place de tests pharmacologiques robotisés nécessite une logistique importante tant humaine que technologique (mise au point des tests, miniaturisation, robotisation, tests de confirmation). Elle est en général présente dans des groupes de recherche privés, ou éventuellement mixtes, associant le public et le privé.

Développement du produit

Le développement d'un produit passe nécessaire par sa caractérisation chimique, parfois complexe, au regard de la nature chimique des molécules. Une fois la molécule caractérisée, sa synthèse (ou son hémisynthèse), rarement impossible, n'est pas toujours rentable pour l'exploitation des molécules. Dans ce contexte, la production de molécules bioactives par biotechnologie reste une perspective économique viable, notamment pour les microorganismes (cyanobactéries, champignons, bactéries).

Ces recherches sont longues, allant de quelques années pour les antibiotiques, à près de dix ans ou plus pour d'autres cibles ; leurs coûts oscillant de quelques centaines de millions d'euros à plusieurs milliards. Une broutille !

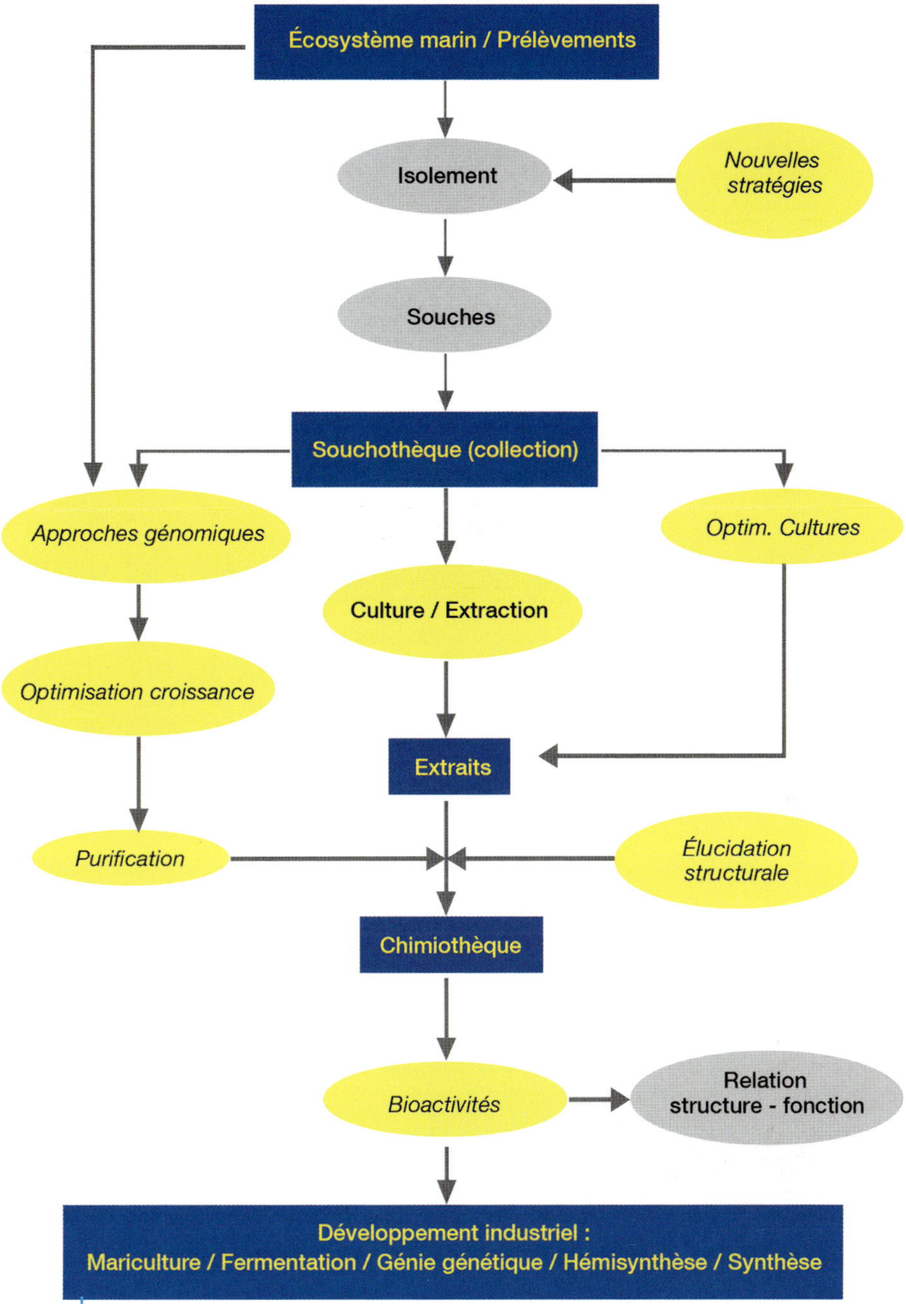

Schéma général d'une recherche de molécules bioactives à partir de prélèvements
Extraction et création d'une extractothèque

LES BACTÉRIES MARINES, UN POTENTIEL TRÈS PROMETTEUR

Les microorganismes peuvent faire ce que vous voulez. Il suffit d'imaginer comment !
Koki Horikoshi

Cette expression exprime bien tout le potentiel des microorganismes dans tous les secteurs industriels, la santé (médical, pharmacologie et parapharmacie), la cosmétique et dermo-cosmétique, l'agroalimentaire, l'environnement et dans les secteurs émergents (adhésifs, biomatériaux, polymères biodégradables, etc.).

Si les biotechnologies marines restent une science relativement neuve, le milieu marin et sa biodiversité représentent, sans nul doute, une source inépuisable d'innovations et de découvertes. Ils constituent un énorme champ d'investigations pour les biotechnologies. Mais ignorer la composante microbienne du milieu marin serait une erreur dans cette recherche de nouvelles structures moléculaires. Tous les éléments sont présents pour voir dans cette composante la source de nouvelles molécules. Celle-ci est immensément riche et diversifiée, même si la diversité pose un problème majeur, celui de la « non-cultivabilité » de plus de 99 % des souches bactériennes. La génomique et la métagénomique, grâce à un travail autour du matériel génétique, vont permettre de faire un bond gigantesque dans la connaissance du potentiel biotechnologique de la plupart des bactéries marines. Les études sur les écosystèmes atypiques n'en sont qu'à leur début, nous sommes plus dans la phase des promesses, des projets et des prospectives que dans celle des réalités industrielles. Il faut souvent se montrer patient, dans le domaine de la santé, notamment. Un long moment s'écoule entre la découverte d'une activité biologique pour une molécule, le développement industriel, l'autorisation de mise sur le marché (AMM) et la commercialisation.

Les archées et les bactéries, avec le cortège de virus qui les accompagne, ont évolué pendant 3,5 milliards d'années, elles se sont diversifiées pour coloniser pratiquement tous les milieux de la planète. De très nombreuses voies métaboliques ont été investiguées et sélectionnées, dont une grande partie réside dans les microorganismes vivants. Ceux-ci ont développé tout un arsenal de stratégies pour survivre dans les conditions physico-chimiques des environnements hostiles ou spécifiques. Les sources hydrothermales terrestres

Mangrove dans le golfe des Caraïbes

et marines, les fonds abyssaux, les sédiments profonds, les écosystèmes froids, ou encore les tapis microbiens de Polynésie française, en sont quelques exemples. Ce potentiel d'adaptation aux changements, parfois rapides, de leur environnement, donne matière à réflexion sur ce que nous pouvons en retirer d'un point de vue biotechnologique. L'observation est la première source d'inspiration dans cette recherche de nouvelles molécules et de nouvelles activités ou spécificités.

Si les études sur les environnements atypiques ou extrêmes n'en sont encore qu'à leur balbutiement, des développements majeurs sont attendus dans un futur proche, avec des applications pour la santé, l'agroalimentaire, la préservation de l'environnement, etc.

La recherche de métabolites secondaires dans les microorganismes monte en puissance. L'objectif majeur : une plus grande maîtrise de la ressource par la production durable de principes actifs et l'obtention d'une chimiodiversité *in vitro* par manipulations génétiques. Un des challenges de la biotechnologie reste sans nul doute la découverte de nouveaux médicaments pour répondre à la nécessité de quadrupler rapidement les capacités mondiales de production et lutter, plus efficacement, contre certaines maladies. Plus de 30 % des médicaments anticancéreux en développement clinique sont des substances biologiques. Leur découverte est peut-être liée à l'exploration de nouveaux

Les lois de la microbiologie appliquée

Un microorganisme :
- reste votre ami,
- a toujours raison,
- est un partenaire sensible.

Il n'existe pas de microorganismes stupides.

Les microorganismes : peuvent faire / feront beaucoup de choses.

Les microorganismes sont :
- plus intelligents que les chimistes, ingénieurs,...
- plus dynamiques, plus réactifs.

Si vous faites attention à vos amis les microorganismes, ils prendront soin de vous et de votre futur et vous vivrez heureux à jamais.

écosystèmes marins, aux organismes et microorganismes associés (bioprospection), et à l'utilisation d'outils performants de génomique.

Quelques mots clés définissent les biotechnologies d'aujourd'hui et de demain : nanobiotechnologies, bioprospection et biomédicaments, glycobiotechnologie, développement durable et protection de l'environnement. La glycobiologie, et parallèlement les glycobiotechnologies, ne se sont frayé un chemin dans les sciences de la vie que tout récemment. L'intérêt croissant pour la chimie des sucres fait découvrir, ou redécouvrir, l'importance des glucides dans les phénomènes de reconnaissance et interactions cellulaires, notamment au sein du système immunitaire. L'étude des interactions protéines-glycanes, l'adhésion cellulaire, ou encore l'attachement d'un sucre à un anticorps, trouvent alors leur justification, de même que la recherche d'activités antitumorales, anti-inflammatoires, antivirales. Connaître les enzymes impliquées dans la synthèse des molécules constitue le nouveau challenge de la glycobiologie. Après la génomique, la métagénomique et la protéomique, la glycomique fait son entrée dans la recherche et le développement (R&D).

Ainsi, grâce à l'étude des microorganismes, la nature et le milieu marin en particulier, offrent à l'industrie un large panel d'enzymes, de biopolymères et de métabolites secondaires qu'il convient d'explorer. La recherche ne fait que commencer !

La vague des biotechnologies bleues

GLOSSAIRE

Aérobie (bactéries aérobies) : microorganisme ayant besoin d'oxygène pour vivre et se développer.

AMM : autorisation de mise sur le marché.

Anaérobie (bactéries anaérobies) : microorganisme pour lequel la présence d'oxygène est létale.

Bioaugmentation : procédé qui implique un ensemencement bactérien, avec des souches sélectionnées ou génétiquement modifiées, en vue de dégrader un contaminant spécifique.

Biodégradation : la biodégradation peut être définie comme la décomposition et la dégradation des matières organiques sous l'action des microorganismes (bactéries, levures, champignons) .

Biofilm : communauté complexe, souvent symbiotique, de microorganismes adhérant entre eux et à une surface, caractérisée par la sécrétion d'une matrice exopolymérique adhésive et protectrice.

Biolixiviation : technique d'extraction de métaux d'intérêt économique ou d'un minerai, mettant en jeu des microorganismes capables de convertir ces métaux de la forme solide à la forme soluble.

Biopolymère : peut être simplement défini comme un polymère synthétisé par un organisme vivant.

Bioremédiation : procédé de décontamination de milieux pollués à partir de techniques issues de la dégradation chimique ou activités d'organismes vivants.

Biosphère : région de la planète contenant l'ensemble des êtres vivants et dans laquelle la vie est possible en permanence.

Biostimulation : procédé consistant à favoriser le rendement de la biodégradation bactérienne en injectant, dans le milieu contaminé, les nutriments nécessaires à une forte croissance des microorganismes et/ou à une production *in situ* de biopolymères tels des biosurfactants.

Biotechnologie : application de la science et de la technologie aux organismes vivants à d'autres matériaux vivants ou non vivants, pour la production de savoirs, biens et services.

Chimiothèque : banque de données de molécules caractérisées.

Cryoprotecteur : substance qui protège les cellules vivantes contre les très basses températures.

Écosystème : ensemble formé par une communauté d'organismes vivants et son environnement, le biotope.

Enzyme : protéine qui permet de diminuer l'énergie nécessaire à une réaction et d'accélérer les réactions chimiques.

Ethno-pharmacologie : étude scientifique interdisciplinaire de l'ensemble des matières d'origines végétale, animale ou minérale, et des savoirs ou des pratiques s'y rattachant, pour modifier les états des organismes vivants, à des fins thérapeutiques, curatives, préventives, ou diagnostiques.

Exopolymère : polymère (ex : exopolysaccharide) présent à l'extérieur de la cellule.

Exopolysaccharide (EPS) : polymère de sucre secrété à l'extérieur de la cellule bactérienne

Génomique : étude du génome (ensemble du matériel génétique d'un individu ou d'une espèce codé dans son acide désoxyribonucléique ou ADN).

Glycobiologie : biologie des glucides.

Glycobiotechnologie : biotechnologie des glucides.

Glycoconjugués : association d'un sucre (polysaccharide) à une autre molécule ou polymère.

Glycolipides : association d'un sucre (polysaccharide) à un lipide.

Glycomique : étude systématique de tous les glucides d'un organisme.

Glycoprotéines : association d'un sucre (polysaccharide) à une protéine.

Hémisynthèse : synthèse chimique d'une molécule, réalisée à partir de composés naturels, possédant déjà une partie de la molécule visée.

Hydrophobe/hydrophile : un composé est dit hydrophobe quand il repousse l'eau ou est repoussé par l'eau. L'hydrophobicité définit alors la propriété de ce composé. À l'inverse, un composé hydrophile a une forte affinité pour l'eau.

Hyperthermophile : microorganisme se développant à des températures supérieures à 80 °C.

Mésophile : microorganisme se développant à une température comprise entre 20 et 45 °C.

Métabolite : composé obtenu par la transformation biochimique d'une molécule (métabolisme).

Métagénomique : étude de l'ensemble des génomes des populations bactériennes d'un milieu donné.

Monomère : unité de répétition (unité monomérique).

Oligosaccharide : polysaccharide constitué d'un nombre limité d'unités monomériques.

Peptide antimicrobien (PAM) : composé peptidique possédant une activité antimicrobienne

Peptide : molécule comprenant au moins deux résidus d'acides aminés reliés par une liaison peptidique.

Polyhydroxyalcanoate (PHA) : polymère appartenant aux polyesters.

Polymère : macromolécule constituée de la répétition (qui définit son degré de polymérisation) d'un monomère (ou unité monomérique).

Polysaccharide : polymère de haut poids moléculaire constitué de la répétition d'unités monomériques composées d'oses (glucides).

Protéomique : étude de l'ensemble des protéines d'une cellule.

RAH : récupération assistée des hydrocarbures (pétrole).

Rhéologie : étude du comportement des molécules (polymères) en solution. La rhéologie des phases aqueuses s'applique à décrire des phénomènes tels que la fluidité ou la viscosité.

Souchothèque : collection de microorganismes.

Symbiose/symbionte : association durable entre deux organismes appartenant à des espèces différentes. Les organismes sont qualifiés de symbiotes, ou symbiontes, le plus gros étant qualifié d'organisme hôte.

Température de transition vitreuse (Tv) : intervalle de température à travers lequel la matière passe d'un état caoutchouteux à un état vitreux, solide (rigide).

Thermophile : microorganisme se développant à une température comprise entre 45 et 120 °C (voir aussi hyperthermophile).

Bibliographie

Ouvrages de référence

Briandet R., Fechner L., Naitali M., Dréanno C., 2012. *Biofilms, quand les microbes s'organisent.* Éditions Quae, collection Carnets de sciences, 176 p.

Corthier G., 2011. *Bonnes bactéries et bonne santé.* Éditions Quae, collection Carnets de sciences, 128 p.

Desbruyères D., 2010. *Les trésors des abysses.* Éditions Quae, collection Carnets de sciences, 184 p. Cet ouvrage a reçu le label de l'Année internationale de la Biodiversité.

Kornpbrost J.-M., 2005. *Substances naturelles d'origine marine* (2 tomes) *Chimio-diversité, pharmacodiversité, biotechnologies.* Éditions Tec&Doc, Lavoisier,1800 p.

Leclerc V., J.-Y. Floch, 2010. *Les secrets des algues.* Éditions Quae, collection Carnets de sciences, 168 p. Cet ouvrage a reçu le label de l'Année internationale de la Biodiversité.

Ramesh R., Sudhakar M., Chattopadhyay S., (eds), 2013. *Scientific and Geopolitical Interests in Arctic and Antarctic.* Lights, 296 p.

Sheehan K.B., Dicks B.L., Henson J.M., 2005. *Seen and Unseen: Discovering the Microbes of Yellowstone.* Falcon Press Publishing, 106 p.

Tréguer P., Chauvaud L., Amice E., 2013. *La vie sous la glace. Une oasis au pôle Sud.* Éditions Quæ, Beaux livres, 104 p.

Revues de références

Bowman J.P., Abell-Gyu C.J., Mancuso-Nichols C.A., 2005. Psychrophilic Extremophiles from Antarctica: Biodiversity and Biotechnological Potential. *Ocean and Polar Research*, 27(2), 221-230.

Guézennec J., Moppert X., Raguénes G., Richert L., Costa B., Simon-Colin C., 2011. Microbial Mats in French Polynesia and their Biotechnological Applications. *Process Biochemistry*, 46, 16-22.

Imhoff J.F., Labes A., Wiese J., 2011. Biomining: the Microbial Treasures of the Ocean: New Natural Products. *Biotechnology Advances*, 29, 468-482.

Mayer A.M.S., Glaser K.B., Cuevas C., Jacobs R.S., Kem W., Little R.D., McIntosh J.M., Newman D.J., Potts B.B., Shuster D.E., 2010. The Odyssey of Marine Pharmaceuticals : a Current Pipeline Perspective. *Trends in Pharmaceutical Sciences*, 31, 255-265.

Proksch P., Müller W.E.G. (eds), 2006. Horizon Bioscience. *Frontiers in Marine Biotechnology*, Norfolk, UK, 357 p.

Spizek J., Novotna J., Rezanka T., Demain A.L., 2010. Do we need New Antibiotics? The Search for New Targets and New Compounds. *Journal of Industrial Microbiolology and Biotechnology*, 37,1241-1248.

Thornburg C.C., Zabriskie T.M., McPhail K.L., 2010. Deep-sea Hydrothermal Vents: Potential Hot Spots for Natural Products Discovery? *Journal of Natural Products*, 73(3), 489-499.

Crédits photographiques

Auteur : p. 8, 24, 25, 30, 44 (haut), 63 (bas), 65 (haut et bas gauche), 66 (haut), 67, 89, 110, 112, 115, 116, 120-121 : entrée du chapitre 7, 127, 128 (bas), 134-135 : entrée du chapitre 8, 142, 143, 156, 157 (bas gauche), 158.

Maria Andrade : p. 10-11 : entrée du chapitre 1.

Otto Ortega Morales : p. 38 (haut), 63 (haut), 133, 168.

Fabien Michenet, Pauline Bosserelle, Françoise Monniot : p. 15, 23, 26-27 : entrée du chapitre 2, 37.

Éric Deslandes : p. 17, 18 (haut).

Gill Geesey : p.18 (bas), 43 (centre et bas), 63 (centre), 64 (bas), 157 (bas droite), Plat IV (gauche).

CRBM : p. 19, 53, 54, 58-59 : entrée du chapitre 4.

Xavier Sprungli, Toxinomics Foundation, 2013 : page 20.

Cécile Debitus : page 38 (bas), Plat IV (droite).

Techniques de l'Ingénieur : page 40.

Ifremer : p. 42 (campagne *Bathyluck*), 44 (bas, campagne *Medeco*), 45 (campagne *Ark xix/3*), 65 (centre, campagne *Big*), 76-77 (campagne *Big*), 85 (François Galgani/Jean-Henri Hecq), 88 et 163 (haut, Christelle Simon-Colin), 96-97 : entrée du chapitre 6 (campagne *Big*), 100-101 (campagne *BobEco*), 102-103 (campagne *Bathyluck*), 106 (campagne *Phare*), 107 (campagne *Phare*, Olivier Dugornay), 111 (Marine Deschastre), 113-114 (Yannick Guéguen).

Barbara Nicolaus (CNR, Naples) : p. 43 (haut).

Erwan Amice (CNRS, Base Dumont D'Urville, Antarctique), extrait de : *La vie sous la glace. Une oasis au pôle Sud*, Quae, 2013 : p. 46-47 : entrée du chapitre 3.

Polymaris Biotechnology : p. 55.

Benoît Quéguineur : Plat I, p. 56.

Alexis Canette : p. 65 (bas droite).

Marc Mittelman : p. 64 (haut).

François Michel : page 66 (bas).

Manfred Zinn : p. 82-83 : entrée du chapitre 5, p. 91, 163 (bas), 164.

Yves-Marie Corre : p. 90.

Valérie Langlois : p. 94.

Xavier Moppert : p. 119, 122, 127 (bas), 128 (haut), 129, 151, 159 (bas), 171.

CSIRO : Peter Nichols : p. 124 (haut), 125, 126 ; **Carol Nichols** : p. 124 (bas).

Elefthérios Chalkiadakis : p. 130, 141, 152-153 : entrée du chapitre 9.

Nelly Courtay : p. 131, 171, Plat IV (centre).

Codif : p. 159.

Édition et coordination du projet : Nelly Courtay
Maquette : Gwendolin Butter
Couverture, infographie et mise en pages : Clarisse Robert (www.pagissime.fr)

Imprimeur : BETA Barcelone
Dépôt légal : septembre 2014

PEFC certifié
Ce produit est issu de forêts gérées durablement et de sources contrôlées
PEFC
PEFC/14-38-00155
www.pefc.es